Tout bouge autour de moi

Mise en page : Virginie Turcotte
Maquette de couverture : Mance Lanctôt
Dépôt légal : 1e trimestre 2010

Catalogage avant publication de Bibliothèque et Archives nationales du Québec et Bibliothèque et Archives Canada
Laferrière, Dany
Tout bouge autour de moi
(Collection Chronique)
ISBN 978-2-923713-30-4
1. Tremblement de terre d'Haïti, 2010. 2. Laferrière, Dany. I. Titre.
II. Collection : Collection Chronique.
QE535.2.H34L33 2010 551.22097294 C2010-940765-2

Nous reconnaissons le soutien du Conseil des Arts du Canada.

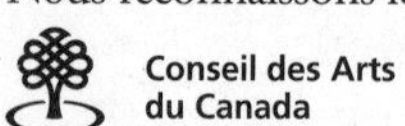

Mémoire d'encrier
1260, rue Bélanger, bureau 201
Montréal, Québec,
H2S 1H9
Tél. : (514) 989-1491
Télec. : (514) 928-9217
info@memoiredencrier.com
www.memoiredencrier.com

Dany Laferrière

Tout bouge autour de moi

Chronique

DANS LA MÊME COLLECTION :

Les années 80 dans ma vieille Ford, Dany Laferrière
Mémoire de guerrier. La vie de Peteris Zalums, Michel Pruneau
Mémoires de la décolonisation, Max H. Dorsinville
Cartes postales d'Asie, Marie-Julie Gagnon
Une journée haïtienne, Thomas Spear, dir.
Duvalier. La face cachée de Papa Doc, Jean Florival
Aimititau ! Parlons-nous !, Laure Morali, dir.
L'aveugle aux mille destins, Joe Jack

Au petit groupe de l'hôtel Karibe qui
a affronté avec moi la colère des dieux :
Michel Le Bris, Maëtte Chantrel,
Mélani Le Bris, Isabelle Paris,
Agathe du Bouäys, Rodney Saint-Éloi
et Thomas Spear.

La mort pouvait venir n'importe quand.
Une balle dans la nuque.
Un éclat rouge dans la nuit.
Elle arrivait si rapidement qu'on
N'a jamais eu le temps de la voir venir.
Cette vitesse a fait douter de son existence.

Dany Laferrière, *L'énigme du retour*

En guise de prologue

Trois chambres d'hôtel et un train

Ce n'est pas étonnant que ce livre s'impose ainsi. J'avais pris la décision, sur le terrain de tennis, de ne pas laisser le séisme bousculer mon agenda. Pas que je sois insensible à ce qui se passe autour de moi. Dès que je ferme les yeux, les images affluent dans toute leur horreur. Je ne parviens à respirer que lorsque je bouge. Je dois un livre à Mémoire d'encrier. Des notes sur l'écriture. Lors de ma dernière visite à Port-au-Prince, mon neveu n'arrêtait pas de me bassiner avec des questions sur le style. Je refusais de répondre, car je crois que tout cela est lié à l'acte d'écrire. C'est-à-dire qu'on apprend à écrire en écrivant. Un bon écrivain est son propre maître. L'essentiel est de rester attentif à ces deux points fondamentaux : la musique et le rythme. Si on n'a pas d'oreille, mieux vaut faire autre chose. Personne ne peut vous apprendre à écrire une phrase qui sonne juste. Mon neveu insistait. Il voulait des conseils précis. « Pas un livre qui va me désespérer », a-t-il lancé en filant vers les toilettes. J'ai fini par accepter. Le titre était tout trouvé : *Notes à l'usage d'un jeune écrivain*. Je sais que ça peut paraître prétentieux de donner des conseils. Je me dis quand même qu'en trente-cinq ans, j'ai dû apprendre deux ou trois choses sur l'écriture que je pourrais lui refiler. Comme de garder cette spontanéité qui fait tout son charme. Tout me semble beaucoup trop propre, ces jours-ci (ah, c'est le vieux qui juge l'époque). Et Buffon a raison de dire que le style, c'est l'homme. J'aime sentir qu'il y a quelqu'un derrière la porte. Même avec un certain talent, on n'y arrive pas sans caractère. Le livre (*Notes à l'usage d'un jeune écrivain*) est prêt, mais nécessite une lecture attentive. Il faut du temps pour écrire. J'avais quinze jours devant moi pour faire les corrections nécessaires. Faut pas croire que ces quinze jours m'attendaient gentiment. Ce sont des jours déjà bien remplis. Bon, j'ai compris depuis un moment que je peux tout avoir, sauf du temps. Breton cherchait l'or du temps présent. Je ne l'ai pas. Je ne l'ai plus. Plus je deviens libre dans ma tête, moins je m'appartiens. La liberté dégage un parfum qui attire les autres. Je regarde dans mon agenda. Trois voyages à faire en mars. J'ai quinze jours pour envoyer le livre à l'éditeur. J'emporte donc dans ma valise mon carnet de notes et un petit ordinateur Toshiba.

Chambre de Tallahassee

Cela fait près d'un an que Martin Monroe, un universitaire spécialisé dans la littérature caribéenne, m'a invité à un colloque sur la littérature haïtienne contemporaine. Je ne pouvais refuser vu que je venais de déclarer, à Port-au-Prince même, que la culture était la seule chose qu'Haïti ait produite durant ces deux cents dernières années. La culture est la seule chose qui puisse faire face au séisme. Je ne parle pas uniquement de culture intellectuelle, un peu livresque, je parle de ce qui structure un peuple. Si on ne veut pas devenir un peuple à plaindre, il faut continuer notre chemin. On pleurera plus tard, quand les choses iront mieux. En attendant, on avance. C'est ma décision. L'hôtel n'est pas loin (une vingtaine de minutes à pied) de l'Université de Tallahassee où ma fille aînée a fait des études en littératures francophones. Pourquoi dans une université américaine? « Les universités américaines sont bourrées de fric, m'a-t-elle répondu à l'époque, elles peuvent réunir trois prix Nobel sur une même table.» Ah bon! Ce gros colloque sur Haïti est en préparation depuis deux ans. C'est mon premier contact avec une université depuis mon retour d'Haïti. Je décide d'ajouter à la fin de ce livre sur le style un court texte sur le séisme. Je relaterai mes premières impressions du tremblement de terre. Faut pas ouvrir la boîte noire. Ce fut la fièvre de l'or. Dès que j'ai un temps libre, je file dans ma chambre. Si j'ai un conseil à donner à un jeune écrivain ce sera ça: «Écrivez sur ce qui vous passionne. Ne cherchez pas le sujet, c'est lui qui vous trouvera.» Sauf qu'il n'arrive pas toujours au bon moment. Je corrige un livre qu'on a annoncé partout. De plus, il y a un éditeur anxieux qui attend le texte. Ce n'est pas le moment de me laisser distraire par autre chose. Sauf qu'un bon sujet déclenche chez nous une énergie proche de la passion physique. Je ne pense plus qu'à ça.

Chambre de Bruxelles

En quittant Tallahassee, j'avais déjà cédé au monstre. J'arrive au Salon du livre de Bruxelles. Quel accueil! Ce n'est pas moi qu'on reçoit en si grande pompe, c'est Haïti. Des interviews partout. Les intellectuels belges (Yvon Toussaint, Jean-Luc Outers) sont profondément touchés par le drame haïtien. Dans les écoles, c'est pareil. Je n'avais jamais vu une pareille ferveur envers un peuple. Les élèves qui fréquentent le Salon, accompagnés de leurs professeurs, ne cessent de me demander de raconter non pas les récents événements, mais plutôt l'histoire du pays. Ils sont aussi intéressés par la vie quotidienne. Les questions sont précises et elles concernent en grande partie l'amour et la mort. Ils avaient tous lu *Je suis fou de Vava* et *La fête des morts*. Ils ouvrent leurs grands yeux sur vous tout en posant des questions difficiles, essentielles. Aimez-vous toujours Vava? Est-ce que je pourrais aimer la même personne jusqu'à la fin de ma vie? Est-ce qu'on meurt différemment en Haïti? Peut-on aimer quelqu'un même après sa mort ? La mort de qui : la sienne ou celle de l'autre ? Rire. C'est le seul moment où je n'ai pas pensé à mon livre. Je rentre tout de suite à l'hôtel. Une frénésie. J'écris sans arrêt. Si cela continue, sans panne, je pourrai terminer le livre sur le séisme en cinq jours, et prendre les six jours qui restent pour corriger les *Notes*. La chambre est bien éclairée. Par la fenêtre, je peux voir des arbres trembler légèrement. Tout ce qui bouge me fait un peu peur. Je replonge dans le texte. L'impression de tout revivre, minute par minute. Je dois choisir car il ne faut pas que je me perde dans les détails. Ce livre, je l'écris autant pour moi que pour les autres. Tous ceux qui n'étaient pas présents. Ann Gérard, une amie, me protège en répondant à tout le monde que je ne suis pas disponible sans donner de détails. Sur le stand d'Échappées africaines, je rejoins Alain Mabanckou. Il passe en coup de vent. Nous prenons un moment pour discuter. Il devait arriver à Port-au-Prince le 13 janvier. Au moment du séisme, il terminait l'écriture d'un livre illuminé par la présence de sa mère. La Pauline Kengué que j'ai évoquée dans *L'énigme du retour*. J'ai écrit à propos de Pauline que j'ai fait mourir en Haïti : « Elle disait toujours que si elle était venue ici, c'était pour qu'Alain puisse se sentir un jour haïtien. » J'ai eu l'impression que son destin l'attendait à Port-au-Prince. Une chance qu'il n'est pas venu. Il est le premier à avoir annoncé que j'étais vivant. Nous sommes liés par une correspondance soutenue. Je me réveille tôt pour écrire, puis je fais ma valise avant de prendre un taxi pour la gare.

Le train

Le voyage de Bruxelles à Paris dure à peu près une heure. J'ai décidé d'utiliser ce bref temps pour faire le vide. Me reposer l'esprit. Regarder le paysage onduler. Ces paysages qui n'ont pas connu de cyclones ni de tremblements de terre depuis un moment (deux guerres mondiales quand même). Toute cette nature semble bien solide. Mais moi, je sais qu'il suffit qu'Atlas bouge ses épaules pour que tout bascule dans l'horreur. Je ne voulais pas de ces images de violence. Un moment de calme n'est-il plus possible? Je crois que c'est la fatigue extrême qui me pousse vers ce tunnel. Je sais comment trouver le repos. Il me suffit de faire remonter du fond de l'enfance le visage souriant de ma grand-mère. Et le sommeil suit. Déjà le train entre en gare.

Chambre de Paris

Je n'ai envie de rien d'autre que de ce petit livre sur le séisme que je suis en train d'écrire. Ce n'est pas un long texte, pourtant il m'absorbe en agitant des émotions troubles que je croyais bien enfouies dans le sous-sol de ma mémoire. Ce n'est pas mon genre de pleurer en public. De toute façon, les grands événements ne me font pas pleurer. Je ne pleure que pour des bêtises, une fleur que le vent décoiffe. Je retrouve dans Paris un quartier que j'aime parce qu'il y a beaucoup de librairies. Paris est, à mes yeux, la plus belle ville du monde. Une ville dure. On ne peut pas être pauvre à Paris. Je descends à ce petit hôtel qui date de 1890. Tout date d'un autre siècle à Paris. Rien ne bouge. C'est le contraire de Port-au-Prince où tout bouge. Maintenant, il me faut annoncer à mon éditeur qu'il n'aura pas le livre attendu mais un autre. Alors qu'il en parle partout depuis un mois. Il devra avertir son réseau. Il sait que je suis imprévisible, mais fiable. Il y aura toujours un livre, jamais celui qu'on attend. Un livre en cache toujours un autre. Il y a un mois, je répondais non à tous les éditeurs qui voulaient que j'écrive sur le séisme. C'est toujours non. Je travaille sur des notes prises à Port-au-Prince pendant que les événements sont encore frais dans mon esprit et dans ma chair. Ce n'est pas ce que j'appelle un livre. C'est mon intimité mise en mots. D'ailleurs, si j'accepte de m'ouvrir un peu sur cette question, c'est seulement pour que d'autres personnes ne se croient pas seules à ressentir de telles émotions. Mais là, il faut y aller. Mon éditeur attend.

Il est fébrile. Il arpente la pièce, le téléphone vissé à l'oreille. Il joue à l'éditeur, comme je joue à l'écrivain. Nous sommes deux fissurés. Et nous ne savons pas quand la fissure s'ouvrira. D'autant plus qu'il faut aller vite. Cette machine peut s'arrêter n'importe quand. Je le dis sans pathos. Ça tombe bien, c'est un livre qui ne peut être fait que dans l'urgence. Je descends avertir la réception qu'on n'a pas besoin de faire ma chambre dans les prochains jours. On a l'air surpris. Je finis par expliquer que je suis en train de terminer un livre qu'il me faut envoyer incessamment à mon éditeur. Large sourire du réceptionniste. L'une des seules villes au monde où l'écrivain est sacré. Dès lors, on m'envoie du thé à la chambre. On m'a même offert de filtrer mes appels téléphoniques : « Dites-moi, monsieur, les deux ou trois personnes à qui vous voulez répondre ; pour le reste, je noterai. » J'écris en buvant du thé. Comme Oscar Wilde l'a fait lors de son dernier voyage à Paris. Il restait dans sa chambre à lire Balzac en buvant du thé. Le seul luxe qui comptait à ses yeux, c'était d'être à Paris. Je me lève tôt pour écrire. Tant que j'écris, rien ne bouge. L'écriture empêche les choses de se briser. On ne peut pas passer sa vie à écrire, tout en sachant que tout va s'effondrer dès qu'on arrêtera. On voudrait rester dans ce monde de rêve. Alice doit retraverser le miroir. Dans la réalité, les gens ne vivent pas dans les hôtels à Paris, ou ailleurs, ils dorment sous les tentes. Ils doivent se battre pour manger et regardent le ciel avec appréhension. Ce n'est pas une raison non plus pour dormir sous les ponts. Il ne faut pas rejoindre les gens dans leur misère, il vaut mieux agir de telle sorte qu'ils puissent tous un jour avoir des draps propres et ne penser qu'à ces choses futiles qui adoucissent la vie. C'est le dernier jour. Dans la chambre d'à côté un couple fait l'amour. Et c'est sur cette musique que je termine le livre.

Tout bouge autour de moi

L'arrivée

6 janvier 2010. J'arrive à Port-au-Prince pour la deuxième édition du festival Étonnants Voyageurs, un festival littéraire réunissant en Haïti des écrivains venus du monde entier. Cette édition s'annonce excitante, car les écrivains haïtiens ont raflé en 2009 pas moins de treize prix littéraires sur la scène internationale. Pour la première fois, la littérature supplante le discours politique dans la faveur populaire. Les écrivains sont invités à la télévision plus souvent que les députés, ce qui est assez rare dans ce pays à fort tempérament politique. La littérature reprend ici de nouveau sa place. Déjà en 1929, Paul Morand note dans son vif essai *Hiver caraïbe* que tout finit en Haïti par un recueil de poèmes. Plus tard, Malraux parlera, lors de son dernier voyage à Port-au-Prince en 1975, d'un peuple qui peint. Étonnant pays d'artistes.

Déjà la vie

La vie semble reprendre son cours normal après des décennies de turbulence. Des jeunes filles rieuses se promènent dans les rues, tard le soir. Le banditisme aurait reculé d'un pas. Dans les quartiers populaires comme celui de Bel-Air, le crime n'est plus toléré. Les peintres primitifs bavardent avec les marchandes de mangues et d'avocats au coin des rues poussiéreuses. C'est si calme que certains s'inquiètent déjà. On n'a pas l'habitude d'une si longue accalmie à Port-au-Prince. Pour ce jeune homme au visage à moitié caché par un chapeau de paille, un danger imminent nous guette. On se demande ce que cela peut être, puisqu'on a déjà tout connu : les dictatures héréditaires, les coups d'État militaires, les cyclones à répétition et les kidnappings à l'aveuglette.

Le dernier repas

Me voilà au restaurant de l'hôtel Karibe avec mon ami Rodney Saint-Éloi, éditeur de Mémoire d'encrier, qui vient tout juste d'arriver de Montréal. Au pied de la table, deux grosses valises remplies de ses dernières parutions. J'attendais cette langouste (sur la carte, c'était écrit homard) et Saint-Éloi, un poisson gros sel. J'avais déjà entamé le pain quand j'ai entendu une terrible explosion. Au début j'ai cru percevoir le bruit d'une mitrailleuse (certains disent que c'était un train), juste dans mon dos. Quand j'ai vu passer les cuisiniers en trombe, j'ai cru qu'une chaudière venait d'exploser dans la cuisine.

La minute

Tout cela a duré environ une minute. On a eu à peine huit à dix secondes pour prendre une décision. Quitter l'endroit ou y rester. Très rares sont ceux qui ont fait un bon départ. Même les plus vifs ont perdu trois ou quatre précieuses secondes avant de comprendre ce qui se passait. Haïti a l'habitude des coups d'État et des cyclones, mais pas des tremblements de terre. Le cyclone est bien annoncé. Un coup d'État arrive précédé d'un nuage de rumeurs. Moi, j'étais dans le restaurant de l'hôtel avec des amis, Rodney Saint-Éloi et le critique Thomas Spear. Thomas a perdu trois précieuses secondes parce qu'il voulait terminer sa bière. On ne réagit pas tous de la même manière. De toute façon, personne ne peut prévoir où la mort l'attend. On s'est tous les trois retrouvés à plat ventre, au centre de la cour. Sous les arbres.

Bruits sourds

La terre s'est mise à onduler comme une feuille de papier que le vent emporte. Bruits sourds des immeubles en train de s'agenouiller. Ils n'explosent pas. Ils implosent, emprisonnant les gens dans leur ventre. Soudain, on voit s'élever dans le ciel d'après-midi un nuage de poussière. Comme si un dynamiteur professionnel avait reçu la commande expresse de détruire une ville entière sans encombrer les rues afin que les grues puissent circuler.

Le carnet noir

En voyage, je garde toujours sur moi deux choses : mon passeport (dans une pochette accrochée à mon cou) et un calepin noir où je note tout ce qui traverse mon champ de vision ou qui me passe par l'esprit. Alors que j'étais par terre, je pensais aux films-catastrophes, me demandant si la terre allait s'ouvrir et nous engloutir tous. C'était la terreur de mon enfance.

Le silence

On s'est réfugiés sur le terrain de tennis de l'hôtel. Je m'attendais à entendre des cris, des hurlements. Rien. Un silence assourdissant. On dit en Haïti que tant qu'on n'a pas hurlé, il n'y a pas de mort. Quelqu'un a dit que ce n'était pas prudent de rester sous les arbres. En fait, c'était faux, car pas une branche, pas une fleur n'a bougé malgré les quarante-trois secousses sismiques de cette première nuit. J'entends encore ce silence.

Les projectiles

Même une secousse de magnitude 7 n'est pas si terrible. On peut encore courir. C'est le béton qui a tué. Les gens ont fait une orgie de béton ces cinquante dernières années. De petites forteresses. Les maisons en bois et en tôle, plus souples, ont résisté. Dans les chambres d'hôtel souvent exiguës, l'ennemi c'est le téléviseur. On se met toujours en face de lui. Il fonce droit sur nous. Beaucoup de gens l'ont reçu à la tête.

L'échelle

Les deux plus fortes secousses passées, on se relève lentement, comme des zombis dans les films de série B, quand on entend des cris dans la cour de l'hôtel. Les bâtiments au fond à droite se sont effondrés. Les appartements sont loués sur une base annuelle à des familles françaises. Deux jeunes adolescentes s'affolent sur le balcon du deuxième étage. Ils sont trois au pied de l'immeuble. Deux tiennent une échelle. Le jeune homme si vif qui a eu la présence d'esprit d'aller chercher l'échelle dans le jardin grimpe là-haut. La plus âgée des filles parvient à enjamber le parapet. Elle arrive par terre. On l'entoure. Le jeune homme remonte chercher la cadette qui refuse énergiquement de quitter l'endroit. Elle demande qu'on attende sa mère – on ignorait alors qu'il y avait une troisième personne là-haut. On travaille en silence. Il faut agir vite, car l'immeuble, qui tient à peine sur ses jambes, pourrait s'écrouler à la moindre vibration. L'adolescente hurle que sa mère est à l'intérieur. Celle-ci, en cherchant une sortie par l'escalier, s'est enfermée quelque part. La fille montre du doigt en pleurant l'endroit où elle est coincée. Debout dans le jardin de l'hôtel, on a tous les yeux rivés sur cette adolescente qui croit que, si elle descend, on oubliera sa mère. Il y a une grande fébrilité dans l'air, car la terre vient de bouger de nouveau. La mère finit par se libérer de là où elle était en cassant une vitre. Elle se précipite vers sa fille qui refuse toujours de descendre avant elle. Chaque seconde compte. Ce n'est qu'une fois sa mère en bas qu'elle a accepté l'échelle.

La nourrice

Cette femme se promène avec un bébé en pleurs.

– Qu'est-ce qu'il a ?

– Ah, lui, il pleure toujours.

Je le prends dans mes bras pour le bercer. Il me dévore de ses yeux noirs. Une attention si soutenue finit par m'intimider. Comment vit-il ce moment ? Qu'en dira-t-il dans quatre-vingts ans ? Il est peut-être celui qui sera le dernier à pouvoir témoigner. La femme me raconte qu'elle est sa nourrice. Ses parents sont au travail. Elle venait de lui donner son bain quand la pièce s'est mise à tanguer. Elle n'arrêtait pas de se cogner partout, sans lâcher le bébé. Elle ne pouvait plus prendre l'escalier. Il lui fallait une autre sortie. Elle parvient à poser le bébé en équilibre sur le chambranle de la fenêtre. Elle se laisse glisser jusqu'au balcon de l'étage inférieur. Elle grimpe sur une chaise pour reprendre le petit qui, étonnamment, n'avait pas bougé, comme s'il comprenait la gravité de la situation. Dès qu'elle l'a eu de nouveau dans les bras, il s'est mis à hurler. Deux heures plus tard, ses parents sont arrivés en trombe. J'imagine leur angoisse durant le trajet. Ils ont dû laisser la voiture, portières ouvertes, au milieu de la rue. La nourrice s'est approchée et ils ont dansé avec cette joie sauvage, en tenant le bébé dans leurs bras. Elle, elle a regardé faire en souriant. Une petite secousse a rompu la fête.

Les employés de service

Toujours impeccables dans leurs uniformes, les employés de l'hôtel n'ont jamais perdu leur sang-froid. Il y a un léger cafouillis au début, plutôt du côté des clients. Comme le bâtiment n'est pas trop sûr (il n'est pas tombé mais le choc a été rude), on hésite à y pénétrer pour aller chercher nos affaires. Je regarde depuis un moment les employés se démener pour assurer le service. C'est peut-être le fait d'avoir une fonction à remplir qui leur permet de marcher aussi droit tandis que les clients ont le pas mal assuré. Dès qu'on a faim, ils arrivent, en file indienne, avec les petits fours qu'ils déposent sur une grande table, près du filet de tennis. Une association devait donner une réception dans la grande salle de congrès, près du restaurant. La bouffe est déjà prête. Nous en bénéficions. Près de l'étroite barrière, se tiennent les gardiens de sécurité, dans le but de rassurer les clients – je dis clients plutôt que touristes, car ces derniers sont rares en Haïti. On voit passer dans le jardin, de temps en temps, le propriétaire de l'hôtel qui fait une tournée d'inspection. D'un pas lent, le visage soucieux, il semble perdu dans ses pensées. Je donnerais cher pour savoir ce qui se passe dans sa tête. Les dégâts ne sont pas uniquement matériels. Certains voient s'envoler, en une minute, le rêve d'une vie. Ce nuage dans le ciel, tout à l'heure, c'était la poussière de nos rêves.

La salle de bains

J'imagine l'effarement de ceux qui étaient dans la salle de bains au moment des premières secousses du séisme. On a tous été pris de court, mais ceux qui se trouvaient sous la douche ont dû vivre un moment de pure panique. On se sent toujours plus vulnérable quand on est nu, surtout couvert d'eau savonneuse. Un grand nombre de ces gens, dans leur précipitation, sont partis en oubliant de fermer le robinet.

La gestion du temps

Ce fut si soudain. Et d'une étrange brièveté. Pas plus d'une minute, et chaque seconde semblait autonome. Il a fallu parfois jusqu'à dix secondes pour reprendre ses esprits et se décider à agir. Certains sont restés figés. D'autres ont continué à s'intéresser à ce qu'ils faisaient. Une façon de nier l'événement. D'autres encore perdaient un temps fou à ramasser des choses précieuses à leurs yeux. Après dix secondes, on était dans la zone rouge. Déjà trop tard après vingt secondes – je parle dans le cas où l'on pouvait encore s'en sortir. L'ennemi n'est pas le temps mais les objets accumulés au fil des jours et qui nous empêchent de voler.

L'angoisse absolue

On ne pense pas à soi, mais aux proches. C'est très rare que tous les membres d'une même famille soient réunis au même endroit, au même moment, dans une aussi grande ville. Et surtout à une pareille heure : 16 h 53. On a quitté le lieu de travail. On n'est pas encore arrivé à la maison. Dans une famille où l'on tente de joindre les deux bouts, si la mère est ici, le père est là-bas. Jamais les deux au même endroit. Les enfants flânent après l'école. Seuls les vieux parents sont à la maison. Autour de moi, les gens n'arrêtent pas de crier dans leur cellulaire : « Où es ton frère ? », « Où es ta sœur ? », « Maman, réponds-moi s'il te plaît », « Où es-tu, chérie ? », « As-tu parlé aux enfants ? », « On se retrouve où ? » Pour finir par hurler à l'autre comme s'il pouvait entendre : « La ligne ne marche plus ». On essaie alors d'emprunter l'appareil d'un autre. Le problème est général. Ils déambulent en manipulant fébrilement ce mince objet qui les a mis en contact avec un être cher.

La parole

Il faut imaginer toute une ville où chacun cherche simplement à localiser un parent ou un ami. On crie de plus en plus fort. On s'entend de moins en moins bien. On s'impatiente. Chacun reste muré dans son drame personnel. Le langage se résume alors à l'essentiel : la vie ou la mort.

Puis ce silence.

La nuit

La plupart des gens de Port-au-Prince ont dormi, cette nuit-là, à la belle étoile. Je crois que c'est la première fois qu'une telle chose se produit ici. Le dernier tremblement de terre d'une pareille ampleur doit bien avoir eu lieu il y a environ deux cents ans. Les nuits précédentes étaient assez froides. Celle-là est chaude et étoilée. Couchés par terre, nous ressentons chaque tressaillement du sol au plus profond de soi. On fait corps avec la terre. Je pisse dans les bois. Mes jambes se mettent à trembler. J'ai l'impression que c'est la terre qui tremble. Je me promène un moment dans le jardin, tout étonné de constater que les fleurs les plus fragiles se balancent encore au bout de leur tige. Le séisme s'est donc attaqué au dur, au solide, à tout ce qui pouvait lui résister. Le béton est tombé. La fleur a survécu. Je n'avais pas dormi à la belle étoile depuis mon enfance. J'avais oublié le parfum des fleurs dans la nuit tropicale.

L'ordinateur

« S'il y avait le feu chez vous, quel objet précieux emporteriez-vous ? » a-t-on demandé, un jour, à Jean Cocteau. « Le feu, bien sûr », répondit le poète. Pour Michel Le Bris, ce fut son ordinateur, qui contient un essai de plus de mille pages, son *Dictionnaire amoureux de l'aventure*, et auquel il met la dernière main. Il ne l'a pas quitté une minute, le gardant toujours serré contre son ventre. Il dormait avec. Il se réveillait avec. Il n'était pas insensible aux autres, seulement cet essai représente tant de jours laborieux et de nuits de solitude.

Le temps

Je ne savais pas que soixante secondes pouvaient durer aussi longtemps. Et qu'une nuit pouvait n'avoir plus de fin. Plus de radio, car les antennes sont cassées. Plus de télé. Plus d'Internet. Plus de cellulaire – on a eu le temps de passer de brefs appels. Le temps n'est plus un objet qui sert à communiquer. On a l'impression que le vrai temps s'est glissé dans les soixante secondes qu'ont duré les premières violentes secousses.

Le lieu

Au moment où c'est arrivé, les gens étaient éparpillés un peu partout : dans les écoles (ceux qui traînaient), dans les bureaux (les meilleurs employés), dans les supermarchés (ceux qui ont un salaire régulier), dans les marchés publics qui sont généralement en plein air (ceux-là ne risquaient rien). La plupart étaient encore pris dans les embouteillages monstres qui paralysent Port-au-Prince aux heures de pointe. Toute cette agitation s'est brusquement arrêtée. Le moment fatal – 16 h 53 – qui a coupé le temps haïtien en deux. Il y a désormais un avant et un après 12 janvier 2010.

Un nouvel espace

Le temps de se demander ce qui se passe, ce n'est plus la même ville. Une bonne partie de sa population est déjà sous les décombres. Des cris nous parviennent du ventre de la terre. Dans la population, on distingue ceux qui peuvent se relever, ceux qu'un bloc de béton a écrasés et ceux dont on ne sait pas encore où ils sont. La situation des maisons n'est pas différente. On voit bien celles qui sont en miettes, celles qui sont fortement fissurées et qu'il faudra abattre tôt ou tard et celles qui tiennent encore debout par je ne sais quel miracle. Nous regardons Port-au-Prince avec l'air hébété de l'enfant dont le jouet vient d'être par mégarde piétiné par un adulte.

La radio

Une voiture stationnée près du trottoir. Toujours en marche. La radio fonctionne. Je cherche à avoir des nouvelles des autres quartiers de la ville. On voudrait bien connaître l'étendue des dégâts. J'entends soit un grésillement, soit une émission préenregistrée. En tâtonnant, je tombe sur RFI (Radio France International), qui ne donne pas de nouvelles du séisme – pas encore. J'éteins la radio. Où est passé le chauffeur ? Les gens se croient plus en danger en voiture qu'à pied. Ils laissent leur voiture quelque part. Des gens qui n'ont jamais fait cent mètres à pied ont parcouru des kilomètres. Deux groupes de gens se sont toujours côtoyés dans cette ville : ceux qui vont à pied et ceux qui roulent en voiture. Deux mondes parallèles qui ne se croisaient que lors d'un accident. C'est impossible de connaître son voisin quand on ne traverse le quartier qu'en voiture, se lamente une mère qui vient de perdre son fils. Pour une fois, dans cette ville hérissée de barrières sociales, on circule tous à la même vitesse.

La prière

La nuit vient de tomber brutalement, comme toujours sous les tropiques. On se chuchote nos angoisses. De temps en temps, on entend un cri étouffé, quelqu'un parvient à rejoindre par téléphone un parent et reçoit des nouvelles de sa famille. Soudain, un homme se met debout et entreprend de nous rappeler que ce tremblement de terre est la conséquence de notre conduite inqualifiable. Sa voix enfle dans la nuit. On le fait taire, car il réveille les enfants qui viennent tout juste de s'endormir. Une dame lui demande de prier dans son cœur. Il s'en va en criant qu'on ne peut pas demander pardon à Dieu à voix basse. Des jeunes filles entament alors un chant religieux, si doux que certains adultes se sont endormis. Deux heures plus tard, on entend cette clameur. Des centaines de personnes prient et chantent dans les rues. C'est pour eux la fin du monde que Jéhovah annonçait. Une petite fille, près de moi, veut savoir s'il y a classe demain. Un vent d'enfance souffle sur nous tous.

L'HORREUR

Une dame, qui habite un appartement dans la cour de l'hôtel, a passé la nuit à parler à sa famille encore piégée sous une tonne de béton. Assez vite, le père n'a plus répondu. Ensuite, l'un des trois enfants. Plus tard un autre. Elle n'arrêtait pas de les supplier de tenir encore un peu. Plus de douze heures après, on a pu sortir le bébé qui n'avait pas cessé de pleurer. Une fois dehors, il s'est mis à sourire comme si rien ne s'était passé.

Les animaux

Les chiens et les coqs nous ont accompagnés toute la nuit. Le coq de Port-au-Prince chante n'importe quand. Ce que je déteste généralement. Cette nuit-là, pourtant, j'attendais sa gueulante. Quant aux chats, on n'a pas entendu leurs miaulements. Port-au-Prince est beaucoup plus une ville de chiens que de chats. Les oiseaux, eux, ne semblaient pas concernés par la situation.

La foule

Un fait nouveau saute aux yeux. La ville, durant cette première nuit, est occupée par une foule disciplinée, généreuse et discrète. Des gens déambulent sans cesse avec une étrange détermination. Et semblent indifférents à cette douleur qu'ils portent avec une élégance qui a suscité l'admiration. La planète est vissée au petit écran. On a l'impression d'assister à une étrange cérémonie qui engage les vivants et les morts. Si Malraux, à la veille de mourir, s'était rendu en Haïti, c'est qu'il avait l'impression que les peintres de Saint-Soleil avaient intuitivement découvert quelque chose qui rend futile toute agitation face à la mort. Un chemin secret. On s'étonne que ces gens puissent rester si longtemps sous les décombres, sans boire ni manger. C'est qu'ils ont l'habitude de manger peu. Comment peut-on prendre la route en laissant tout derrière soi? C'est qu'ils possèdent si peu de choses. Moins on possède d'objets, plus on est libre, et je ne fais pas là l'éloge de la pauvreté. Ce n'est pas le malheur d'Haïti qui a ému le monde à ce point, c'est plutôt la façon dont ce peuple a fait face à son malheur. Ce désastre aura fait apparaître, sous nos yeux éblouis, un peuple que des institutions gangrenées empêchent de s'épanouir. Il aura fallu que ces institutions disparaissent un moment du paysage pour voir surgir, sous une pluie de poussières, un peuple digne.

Le chant

Les enfants dorment depuis un moment. On voit des ombres passer dans le jardin. Des gardiens qui assurent la surveillance. Soudain un chant monte. On l'entend au loin. Un gardien nous dit qu'il y a dehors (on est assez loin de la route) une grande foule en train de chanter. Les voix sont harmonieuses. C'est là que j'ai compris que tout le monde était touché. Et qu'il s'était passé quelque chose d'une ampleur inimaginable. Les gens sont dans les rues. Ils chantent pour calmer leur douleur. Ils avancent lentement. Une forêt de gens remarquables.

Quarante-trois secousses

De temps en temps, une légère secousse réveille nos angoisses. Ce sont plutôt des tressaillements. Comme si la terre elle-même n'arrivait pas encore à se reposer complètement. On entend dire que ce n'est pas fini. Que d'autres secousses majeures nous attendent. Tout cela est de l'ordre de la rumeur puisqu'aucun spécialiste des séismes n'a encore pris la parole pour nous expliquer la situation. On n'arrive pas à accepter le fait de ne pas pouvoir se mettre à l'abri si les choses devaient dégénérer à nouveau. On attend.

La révolution

Le Palais National cassé. Le bureau des taxes et contributions détruit. Le palais de justice détruit. Les magasins par terre. Le système de communication détruit. La cathédrale détruite. Les prisonniers dehors. Pendant une nuit, ce fut la révolution.

Le temps de l'innocence

On ne sait pas encore ce qui se passe dehors. Dans la ville même. L'hôtel est un peu à côté. Pas au centre des choses. On entend les bruits de la ville. Cela ne suffit pas pour savoir ce qui s'y passe. Nous n'avons aucune idée exacte de l'ampleur du désastre. Surtout que le paysage qui nous entoure n'a pas été atteint. Les cyclones font parfois plus de dégâts à la nature qu'aux hommes. Les tremblements de terre détruisent ce que l'homme a construit patiemment en laissant intacte la fleur. Je viens de comprendre que sans les constructions solides et les objets dangereux, il n'y aurait pas toutes ces victimes.

Les nouvelles des amis

Nous sommes dans la cour de l'hôtel, sous les grands arbres. On s'étonne d'être encore en vie, même dépouillés de l'essentiel. On cherche à joindre les autres. Les systèmes de communication (cellulaire, téléphone fixe, Internet) ne fonctionnent pas encore à plein régime. Quelqu'un crie qu'on a accès à Internet à l'avant de l'hôtel. Je suis toujours impressionné par un pareil mystère. Quand rien ne va, l'être humain finit toujours par trouver une solution. J'y cours pour tomber sur une rangée de gens assis par terre, à l'entrée de l'hôtel, en train d'envoyer fébrilement des messages à leurs proches. On doit se dépêcher car Internet, me dit-on, peut tomber en panne à tout moment. Un type en sueur à côté de moi. Je découvre qu'il est en train de regarder les nouvelles. Je lui arrache son ordinateur. Il se retourne vers moi, ahuri, sans me reprendre pour autant l'ordinateur des mains. Je peux alors envoyer ce premier message à ma femme : « Je vais bien, mais la ville est brisée ». J'ajoute que Saint-Éloi aussi va bien et qu'on ne se quitte pas d'une semelle. Notre petit groupe donne l'impression d'être échoué sur une île déserte au lendemain d'une grosse tempête en mer.

Dehors

Nous sommes en train de converser autour d'une table, dans la cour de l'hôtel, quand Lyonel Trouillot arrive. Il nous raconte qu'il est passé la veille, en soirée. Comme tout était dans le noir, il est reparti. Trouillot a fait la route à pied. Connaissant ses problèmes de santé, il a dû déployer un effort inouï. De chez lui, il a dû marcher dans le noir durant deux heures. Il semble pourtant détendu. Il est en voiture cette fois. Je compte profiter de cette opportunité pour aller voir ma mère. Saint-Éloi nous accompagne. L'hôtel est situé un peu à l'écart de la route principale. Cette centaine de mètres suffit à nous couper de la réalité de la ville. Me voilà enfin dehors.

La marchande de mangues

La première image que je vois sur la route qui mène à Pétion-ville, c'est une marchande de mangues assise le dos contre un mur. Une dizaine de mangues étalées devant elle – son commerce. Je suis tellement impressionné par un pareil courage. Ces gens n'ont jamais rien reçu de l'État, ils sont habitués à se débrouiller seuls. Je n'ai pas pensé à lui en acheter, moi qui raffole des mangues. J'entends Saint-Éloi murmurer derrière moi : « Quel peuple ! » Ils sont tellement habitués à chercher la vie dans des conditions difficiles qu'ils porteront l'espérance jusqu'en enfer.

Les premiers corps

Juste à l'entrée de Pétionville, je vois les premiers corps par terre. Bien rangés les uns à la suite des autres – huit cadavres. Je ne sais pas dans quelles conditions ils sont morts, car les maisons sont plutôt en contrebas. Des maisons légères, en tôle. Qui les a placés ainsi sur le bord du chemin ? Pas le gouvernement, qui n'a pas encore repris ses esprits. Sûrement pas des parents, car ils auraient trouvé un moyen de les enterrer. Je suppose que ce sont des morts anonymes. Des gens que personne ne connaît dans le quartier. Il y a une grande circulation de gens dans cette ville. On va chercher la vie d'un endroit à l'autre. J'apprendrai plus tard qu'il y a tant de morts que ce sera impossible de les enterrer individuellement.

Le rythme

On arrive à Pétionville. Je compte une dizaine de maisons brisées. Peut-être qu'il y en a d'autres. Je ne peux voir que celles qui bordent la rue. Pétionville semble tenir le coup. Je respire un peu. Les gens discutent en petits groupes sur le trottoir. Rien de funèbre. Je m'attendais à une foule écrasée par la douleur, mais la vie quotidienne a déjà imposé son rythme. Même le malheur n'arrête pas le mouvement dans ces régions pauvres du monde. Aucune trêve. Il n'y a que la mort pour les arrêter.

Un bon vivant

Ciel bleu. Soleil éclatant. On remonte la rue. Un homme debout près d'une grande barrière. Il a l'air de faire ce qu'il fait chaque jour : sortir un moment pour regarder l'activité de la rue. Des fois qu'un ami passe. Cette foule contient en elle une myriade d'opportunités. « C'est mon père », dit Saint-Éloi. Je l'ai vu quelques jours auparavant. La même petite lueur moqueuse dans les yeux. Sa façon de bomber parfois le torse, un tic que je remarque chez les anciens haltérophiles. Saint-Éloi va le voir. Ils discutent un moment comme deux vieux copains. Ils bougent leur corps de la même manière. Dix minutes plus tard, Saint-Éloi revient, et on se met en route vers Delmas. « Qu'est-ce que ton père t'a dit ? », je finis par lui demander. Des nouvelles de la famille. Il n'y a qu'un mort : une cousine qui était au Caribbean Market. Elle était déjà à la porte quand elle a reçu un bloc de ciment sur la tête. Un pas de plus, et elle aurait été hors de danger. Silence dans la voiture. Il y a huit mois, j'ai dégusté un merveilleux bouillon dans cette maison. C'est son père qui l'avait préparé. Un homme très dynamique. Un bon vivant qui sait apprécier la bonne bouffe, et dont l'intérêt pour les femmes ne s'est pas érodé. Il connaît chaque pierre de sa ville. Il nous fait un signe de la main au moment où la voiture démarre.

Delmas

On entre dans Delmas, le monstre insatiable dont les tentacules menacent d'étouffer Pétionville. On dirait une ville que l'aviation a bombardée la nuit dernière. Un immeuble sur cinq est par terre. Surtout les plus costauds. La rue est bien dégagée. Circulation fluide. Peu de voitures. Ce qui est rare sur une artère aussi commerciale. On me pointe du doigt le Caribbean Market – un tas de gravier. Les gens qui ont quelques moyens passent, en sortant du travail, s'approvisionner ici. C'est là qu'ils échangent les potins du jour. Ils profitent aussi du fait qu'ils peuvent croiser des gens dont ils n'ont pas les coordonnées pour lancer des invitations. Le Caribbean Market est une plaque tournante dans la vie des gens de cette partie de la ville.

Un carré jaune

Une impression de déjà vu. Je connais ce coin. Me voyant agité, Trouillot ralentit. Il me confirme que c'est l'immeuble de Télé Ginen. Compè Filo travaille là. L'immeuble où j'étais hier jusqu'à 15 h 30 de l'après-midi, et où j'aurais pu être à 16 h 53, est tombé. Entre deux blocs de béton, j'aperçois un petit carré jaune de la dimension d'une plaque d'immatriculation. C'est tout ce qui reste de la voiture jaune qui m'a emmené à l'hôtel Karibe après mon entrevue avec Filo. J'examine l'immeuble complètement aplati pour découvrir, tout au fond, quelques photos miraculeusement épargnées. Je les ai admirées hier, avec quelques trophées, sur le bureau de la propriétaire de Télé Ginen, une femme affable que Filo m'a présentée. Après, il m'a fait conduire à l'hôtel dans cette petite voiture jaune que je viens de voir. Sachant que Filo est sûrement retourné à l'intérieur, je m'affole. Cet édifice est un véritable piège. Il n'y a aucune échappatoire possible. J'ai vu hier une chorale, des jeunes filles en blanc. J'ai entendu, pendant une heure, le pasteur hurler dans un micro mal réglé et j'ai su, en arpentant les couloirs que c'était la retransmission d'une cérémonie religieuse. On aurait dit un film de Fellini. Tandis que Filo, dans son studio, faisait l'apologie du vaudou et de la culture populaire. Un milieu très vivant. Il n'y a qu'à Harlem qu'on trouve pareille ambiance. Avant de rentrer à

Montréal, j'ai demandé un peu partout des nouvelles de Filo. Personne ne savait s'il était sous les décombres ou pas. Des milliers de gens cherchent leurs proches disparus. Les gens déambulent dans les rues de nuit comme de jour, espérant croiser quelqu'un qu'ils connaissent. On croit qu'untel est mort parce qu'on ne l'a pas vu depuis deux jours, lui aussi, de son côté, espère que vous êtes encore vivant. En quittant hier Télé Ginen, je me suis dit que si jamais un incendie se déclarait ici, il n'y aurait pas de survivant. On continue à sillonner Delmas, je ne peux m'empêcher de penser à Filo, piégé à l'intérieur de cet étrange labyrinthe.

Un homme serein

J'ai connu Filo vers la fin des années 1970. L'ai-je croisé au Conservatoire d'art dramatique qui occupait, après les classes, les vastes salles du Lycée des Jeunes Filles ? Peut-être au stade Sylvio Cator, où on allait voir les finales qui opposaient le club Racing à l'Aigle Noir ou au Violette ? J'ai l'impression que Filo a toujours été dans ma vie. C'est une présence constante. On faisait partie de la petite bande d'affamés qui confondaient l'art avec la révolution. Radio Haïti Inter recrutait de nouveaux journalistes. Filo y est allé. Au début, ça ne marchait pas, il était trop rebelle pour suivre les règles strictes de la radio. Il n'avait aucune notion du temps. Il se pointait à son émission avec une demi-heure de retard. Finalement, Jean Dominique (l'éditorialiste assassiné) a trouvé l'astuce : le loger dans la dernière case de la journée. Il pouvait arriver quand il voulait et faire ce qu'il voulait. Il n'était écouté que par des insomniaques pour qui le temps est une masse compacte. Du jour au lendemain, Filo était devenu une star. Sa gouaille et son esprit vif de jeune homme des quartiers populaires ont tout de suite plu à toutes les parties. Jean-Claude Duvalier a fait jeter en prison (et/ou envoyer en exil) en novembre 1980 la plupart des journalistes influents du pays et a du même coup muselé la presse indépendante. Ils sont tous revenus après son départ en exil.

Il y a eu quelques dissensions au sein de cette même presse indépendante reconstituée. Puis, Filo a erré un moment. Quand je demandais de ses nouvelles, lors de mes passages à Port-au-Prince, on ne savait pas toujours où il était. On me fit comprendre qu'il faisait des choses diverses, une façon élégante de dire qu'il ne faisait plus partie de la tribu. J'ai tout compris quand je l'ai revu à l'hôtel Kinam (il était venu m'interviewer pour son émission à Télé Ginen). Filo était ailleurs. Sa maturité, de loin, dépassait celle de ses anciens camarades. Il avait bien sûr ce discours religieux qui pouvait faire peur à la gauche haïtienne, il était resté aussi malin qu'auparavant. Assez subtil pour ne pas chercher à imposer aux autres ses croyances. Il m'avait fait cadeau ce jour-là d'une image de la Vierge noire de Pologne que les vaudouisants prennent pour la représentation iconographique de la déesse Erzulie. Je l'ai toujours. Avec son costume traditionnel, son chapeau de paysan, Filo donne l'impression de n'avoir jamais quitté les années 1970, époque marquée par cette furieuse recherche d'authenticité dans le milieu intellectuel. Par-delà ce choix vestimentaire, j'ai pu repérer l'un des esprits les plus vifs du pays. Je l'ai recroisé dès mon arrivée au début du mois devant le Rex Théâtre, et on a pris rendez-vous pour le 12 janvier. Je lui ai bien fait comprendre que mon agenda était serré. Je suis arrivé à l'heure : 14 h 00. Filo venait de commencer l'entrevue précédente, ce qui m'a retardé d'une heure et demie pour mon prochain rendez-vous. J'ai souri en voyant qu'il n'avait pas changé. Je l'ai senti très gêné car il sait que je déteste être en retard. Il finit l'entrevue, m'emmène au maquillage et s'occupe de moi. C'est à mon tour de répondre à ses questions toujours pertinentes. À l'écran, il a une formidable présence. Tête solide. Subtilement, il te mène où il veut. Il donne cette fausse impression de ne s'intéresser qu'à la culture populaire, alors qu'il est bien informé sur beaucoup d'autres sujets. On termine l'entrevue en se lançant des compliments. C'est qu'on a débuté en même temps dans le journalisme. On fréquentait les mêmes gens. Et quand il était en exil à Montréal, on se rejoignait chez Izaza, cette boîte que j'ai décrite dans *Comment faire l'amour avec un nègre sans se fatiguer*. Bon, il veut me reconduire à l'hôtel, avant il doit rencontrer quelques Américains, des gens qui veulent investir dans les médias. Je risque d'être en retard si je l'attends. Mon rendez est à 17 h 00. Je dois partir. Filo finit par accepter. Il me propose la voiture de la station, un jeune journaliste me sert de chauffeur. J'arrive à l'hôtel Karibe juste à temps pour accueillir Rodney Saint-Éloi qui arrive de Montréal avec deux valises bourrées de livres.

Chez Frankétienne

On s'est perdu un moment dans ce dédale de ruelles dont un grand nombre sont devenues des culs-de-sac. On a fini par déboucher sur la rue montante qui mène chez Frankétienne. Le grand mur rouge, qui faisait de sa maison une petite forteresse, est touché. Un pylône électrique tordu bloque l'entrée. Des fils pendent le long de la barrière. On hésite. La maison est-elle vide ? « Il est là. Le poète est chez lui », dit un jeune homme qui nous observe depuis notre arrivée. Il vient de voir passer Frankétienne dans sa bibliothèque dévastée. C'est possible de le voir de la rue maintenant. On pousse la barrière en faisant attention aux câbles par terre. Aucune envie de recevoir une décharge électrique après avoir échappé à un tremblement de terre. En effet, il arrive, alerté par nos voix. Je ne l'ai jamais vu aussi bouleversé. Rouge comme une tomate. Sans théâtre. Nu dans sa douleur. Il nous garde longuement dans ses bras. Marie-Andrée arrive, discrète comme toujours, derrière lui. Son sourire se fait plus triste qu'à l'ordinaire. Frankétienne, un séisme lui-même, nous raconte l'événement à sa manière. On sent qu'il porte cette ville en lui. Il se tourne vers sa maison éventrée. Il a entendu un bruit de train, comme la plupart des gens. « C'est le bruit de ce que contient Port-au-Prince qui se fracasse. » Et ce nuage qu'il a d'abord pris pour un grand incendie. « C'était ma ville en poussière. » On sent qu'il fait corps avec cette ville. On reste un moment silencieux. Il reprend son récit pour nous raconter qu'il était sur la terrasse avec un journaliste étranger quand tout est arrivé. Il descend l'escalier en catastrophe, attrape au passage Marie-Andrée qui était dans la cuisine, pour se réfugier dans la cour.

Le travail d'une vie

Des tableaux par terre. Les grands murs peints sont fissurés (la maison est un musée). Frankétienne garde, un peu partout dans cet espace, plus de deux mille tableaux. Sa maison est une galerie d'art remplie de ses oeuvres. C'est à la fois un artiste et un homme d'affaires. À ma dernière visite, il m'avait emmené dans son petit entrepôt où il avait stocké des centaines de tableaux. D'un geste large et généreux – il est ainsi – il m'avait demandé d'en choisir un. J'avais pris le meilleur tableau de sa collection. Il était étonné et ravi. Je n'ose pas lui demander dans quel état se trouve l'entrepôt. Il nous raconte, avec la mimique qu'il faut, qu'il était en train de répéter une pièce sur le tremblement de terre une demi-heure avant. Il déclame. Nous reculons d'un pas pour lui laisser l'espace nécessaire à son jeu. Cela parle d'un Port-au-Prince qui « se déchire, qui se fissure ». Je l'écoute. Nous l'écoutons. Spontanément, nous formons un cercle autour de lui. Il nous refait le séisme avec ses mots. Un solo prophétique. Soudain, il se calme. Marie-Andrée le surveille du coin de l'œil pour qu'il ne s'emballe pas trop. Il n'est plus l'homme infatigable qu'il a déjà été. Et parfois il l'oublie. Je le connais depuis assez longtemps pour savoir qu'il n'a jamais été autant affligé. Il ne pleure pas sur lui, mais sur cette ville qu'il n'a jamais quittée. Il est émouvant. On descend dans le jardin où rien n'a bougé. Frankétienne a le sentiment qu'il ne pourra jamais jouer cette pièce qui porte la poisse. Saint-Éloi et moi, on lui fait comprendre que cette mise en abîme fait aujourd'hui partie de l'histoire de cette ville. Port-au-Prince doit avaler ce séisme pour éviter qu'il nous brise. Cette mémoire est ce que nous avons de plus précieux. Est-ce la raison pour laquelle Frankétienne doit quitter sa tanière ? Les gens ont besoin de le voir. Ils doivent savoir qu'il reste encore des repères. Si les immeubles nous aident à nous repérer dans l'espace, les poètes sont des repères dans le temps. Frankétienne doit continuer, aveuglément, à faire ce qu'il sait faire. Son énergie est précieuse. Il ne doit pas la gaspiller en vains combats. Il doit avancer malgré la tempête. Au fond, on essaie de se consoler avec ces mots, qui seraient des clichés à d'autres moments. Le dragon est encore sous nos pieds, s'apprêtant à tout moment à faire tanguer la terre. Frankétienne semble avoir retrouvé sa pleine force. Il nous reconduit à la barrière avec moins de détermination qu'avant. Ce colosse aux jambes fragiles comme sa ville. Je suis ému mais confiant, car derrière lui se tient réservée et ferme sa Marie-Andrée.

Année zéro

Je n'arrive pas à avaler cette idée d'année zéro. On n'efface pas aussi facilement la mémoire d'un peuple. Notre histoire commence depuis l'Afrique et se poursuit en Amérique – rien ne pourra modifier ce parcours. Ce sont les hommes et leurs désirs de vivre ensemble, malgré les raisons nombreuses qui leur déconseillent de le faire, qui font les villes et non le contraire. Le séisme n'a pas détruit Port-au-Prince, car si l'ancienne ville habite aujourd'hui notre cœur, la nouvelle occupera durant les prochaines décennies notre esprit. On ne recommence pas une pareille aventure. C'est impossible d'ailleurs. On continue. On n'éliminera pas la souffrance de notre parcours – c'est une idée mondaine. L'histoire mouvementée de ce pays où bonheur alterne avec malheur, dans un mouvement presque mécanique, est une tragicomédie. C'est bien ce que disait Jean Price-Mars dans son célèbre essai *Ainsi parla l'Oncle*: « C'est un peuple qui chante, qui danse, souffre et se résigne... » À part l'étrange idée de résignation, je suis en accord total avec Price-Mars. Haïti, c'est tout, sauf la résignation. Les gens se sont impliqués dans la vie quotidienne, est-ce pourquoi on aperçoit rarement leur esprit héroïque? À bien les observer, on finit par remarquer leur manière subtile de résister.

Chez ma mère

Ma mère n'habite pas trop loin de chez Frankétienne. On tourne à gauche à la première ruelle juchée en haut de la petite pente. Mon cœur se serre. Je n'ai encore eu aucune nouvelle d'elle. Chacun rêve que sa famille soit épargnée. Delmas 31, son quartier, est largement dévasté. Pourtant, les maisons dans sa petite rue ombragée, par je ne sais quel miracle, semblent encore debout. On roule lentement. Mon cœur bondit quand je vois mon beau-frère, le poète Christophe Charles, près de la grande barrière rouge. Il a l'air soucieux, mais pas plus que d'habitude. On range la voiture sur le côté. J'ai le temps de constater que la maison neuve, juste en face de chez elle, est complètement détruite. Rien à faire. Son propriétaire en était si fier. Le maigre sourire de Christophe me rassure. On entre pour voir tout le monde dans la cour, même mon neveu Dany à qui j'ai dédié *L'énigme du retour* et qui aurait pu être à l'université ou ailleurs. Il était passé à la maison par hasard, n'ayant pas l'habitude de rentrer chez lui avant le crépuscule. C'est une zone difficile d'accès (le transport public n'y pénètre pas) et il n'a pas de voiture. D'ordinaire, son père passe le chercher après les cours. Mais il était là. Sans lui, il n'y aurait eu dans la maison que ma mère, une femme de plus de quatre-vingts ans (même à moi elle ne dit pas son âge) et Tante Renée qui ne peut se déplacer sans aide. Elle est couchée sur un matelas jeté dans la cour. Elle a l'air de s'y faire. Ma mère, toute excitée, comme une petite fille. « J'aurai tout vu dans ce pays », me dit-elle. Des coups d'État, des cyclones à répétition, des dictatures héréditaires, et maintenant un tremblement de terre. Elle répète : « J'aurai tout vu ». Les gens ont peur que les choses changent après leur départ. Ma sœur nous prépare du thé. Ce thé amer qui fait baisser la tension, dit Tante Renée. La maison n'est pas très endommagée. Ma mère me montre une petite fissure dans le salon. Pas bien grave, mais assez pour l'inquiéter. En fait, on est si fortement ébranlé que cette peur nous habitera longtemps encore. La mort sera toujours présente. Je m'attendais à une ambiance de tristesse, et je sens plutôt là une sorte d'ivresse. Même ma sœur, si soucieuse ces derniers jours, me paraît tout à coup plus légère. Les graves problèmes d'aujourd'hui effacent les angoisses mineures d'hier. L'impression que nous avons enfin atteint le fond et qu'on ne peut que remonter. Et puis il y a aussi la simple joie d'être encore en vie.

Mon neveu

J'ai fait quelques pas avec mon neveu. Les petites cahutes de l'autre côté du ravin ont bien résisté. Le vieux mur est tombé. Il ne tenait qu'à un fil. On s'assoit.

– Je vais écrire.

– Ah oui…

– Je vais écrire sur ça.

– Très bien.

Il jette un regard autour de lui. Je l'attends.

– À quoi penses-tu ?

Un chien remonte la rue. De quoi peut-il bien vivre, maintenant que les gens sont aussi démunis que lui ? Il est assez souple et maigre pour pénétrer partout. Il trouvera à manger sous les décombres.

– Je peux vous demander quelque chose, mon oncle ?

– Vas-y.

Je sens que c'est sérieux.

– J'aimerais écrire quelque chose sur ça…

Ce garçon n'a pas froid aux yeux.

– Ce n'est pas interdit.

Il garde la tête baissée. C'est qu'il n'a pas fini.

– Qu'est-ce qu'il y a ?

– J'aimerais que vous n'écriviez pas là-dessus.

Cela fait un choc de se sentir ainsi mis de côté.

– Ça ne se fait pas, tu sais… C'est un événement capital dont je suis aussi le témoin… Comme tu vois (je sors le carnet noir de ma poche), je n'ai pas arrêté de noter.

– Non, fait-il en riant, ce n'est pas ce que j'ai voulu dire… Vous pouvez écrire, mais pas de roman.

C'est l'événement de son époque et non la mienne. La mienne, c'était la dictature. Lui, c'est le séisme. Et il entend bien que ce soit sa sensibilité qui l'évoque.

– Je ne peux pas te faire une pareille promesse. Aucun livre ne prend la place d'un autre. C'est déjà écrit par la nature. Un roman classique qui se passe en un lieu (Port-au-Prince), en un temps (16 h 53) et qui a fait autant de morts qu'une guerre. Il nous faudrait un Tolstoï.

J'observe du coin de l'œil son profil déterminé.

La maison de Trouillot

Nous arrivons dans le quartier de Lyonel Trouillot. Un groupe l'entoure. Je comprends qu'il y a un blessé qu'il faut emmener tout de suite à l'hôpital. Trouillot arrange les choses en mettant une voiture à la disposition des gens. Nous nous installons dans la cour. Le frère aîné de Lyonel s'amène, toujours souriant. Il a de la difficulté à bouger depuis sa maladie. Il est l'auteur du premier livre d'histoire d'Haïti en créole, *Ti dife boule sou istoua Ayiti*. Nous discutons de la situation tandis qu'on s'active dans tout le voisinage. La maison de Trouillot semble être le centre de toute cette activité. On nous offre du café. Cette ville vit l'une des plus graves catastrophes de notre époque, et nous sommes là, tranquillement assis à prendre du café. Tout en participant activement à tout le reste. Le chauffeur qui doit emmener le blessé est arrivé. C'est la même ambiance partout. Les gens n'ont pas perdu la tête. Dans ce quartier lourdement endommagé, quelques brefs rires fusent encore. J'emporte avec moi le doux sourire de Michel Trouillot. Au retour, nous passons devant l'Université Caraïbes que sa sœur, Jocelyne, porte à bout de bras. Complètement à terre. L'œuvre d'une vie partie en poussières. Des dizaines de morts, paraît-il. Un silence dans la voiture.

L'hôtel Montana

On passe devant l'hôtel Montana. Des policiers bloquent la route afin de faire monter une grue. L'hôtel est juché au sommet de cette pente raide. Un homme en sueur s'approche de la portière : je reconnais à peine le directeur de l'Institut français qui m'avait impressionné par la passion qu'il met à initier les jeunes à la lecture. Il fait aujourd'hui partie d'une équipe de secouristes qui œuvre là-haut. J'étais logé au Montana au début du mois de décembre. Je n'ose imaginer le désastre. Alors qu'il y a tout ce remue-ménage autour du Montana, juste à côté on demande de l'aide. Est-ce pour enterrer des morts ou pour sauver des vies ? Je n'en sais rien. Un homme, debout près de la voiture, fait remarquer, sans trop d'amertume, qu'il n'y a pas que le Montana. C'est qu'il y a beaucoup de gens sous les décombres du Montana, lieu où l'on négocie de gros contrats et où d'importantes décisions politiques se prennent. L'hôtel favori des vedettes internationales qui s'intéressent un peu à la misère des pauvres. Les organismes humanitaires y logent aussi. La plupart des journalistes (surtout ceux de la télé) en ont fait leur point de chute depuis des années. On comprend l'énorme couverture de presse dont a bénéficié le Montana. La grue, qui bloquait la circulation, a fini par s'engager sur la pente menant à l'hôtel effondré, et on nous fait signe de passer.

La mort de Georges

Il y a des voitures dans ce parking de supermarché. Près d'une douzaine. On se range. À l'intérieur, c'est un fouillis total. Au rayon du vin, la moitié des bouteilles sont par terre. On marche sur des tessons éparpillés dans une mer de vin rouge. Les étagères sont presque vides. Saint-Éloi a pu mettre la main sur quelques boîtes de sardines. On a pris une douzaine de bouteilles d'eau. Des gens papotent dans la file. Pas d'électricité. Le caissier est concentré sur un petit cahier où il fait ses calculs. Derrière moi, une photographe annonce à Trouillot la mort de Georges et Mireille Anglade. Je les ai vus hier soir à l'hôtel, où ils participaient à une réception privée. Toujours cette lueur malicieuse dans le regard de Georges. Grande chaleur dans sa manière d'ouvrir les bras pour vous accueillir. Mireille attend patiemment que Georges ait fini de vous broyer sur sa poitrine pour vous embrasser. Mireille est plus fine, plus nuancée, et pas moins chaleureuse. Son sourire très Mona Lisa. Anglade avait l'air en forme. Il riait, comme toujours, en faisant sautiller chaque pouce de chair de son corps. Ces dernières années, il avait mis toute son énergie à promouvoir la *lodyans*, cette forme narrative si proche, affirme-t-il, de notre manière de voir le monde. Pour lui, les Haïtiens sont des conteurs qui s'expriment aujourd'hui à l'écrit. Il avait relu dernièrement une bonne partie de notre production romanesque (de l'Indépendance à nos jours) pour découvrir que nos meilleurs écrivains étaient des conteurs. Comme toujours, Georges exagère, il le fait de bonne foi. Cet homme est doté d'une énergie entraînante et capable d'exaltation. Il adore les interminables discussions autour d'un repas, avec des amis de longue date. Ce géographe a fait de la politique, mais je crois que sa vraie passion est la littérature. En fait, il est un incorrigible rêveur. Je ne l'imagine pas sans Mireille. Ils sont morts ensemble.

UN DIALOGUE POSSIBLE

Je vois arriver Chantal Guy, la journaliste du quotidien montréalais *La Presse*. Le photographe Ivanoh Demers la suit de près. Ils sont donc vivants et ne se quittent plus. Quand j'étais couché dans la cour de l'hôtel, alors tout se déglinguait autour de moi, c'est à Chantal Guy que je pensais. J'avais tellement insisté pour qu'elle vienne alors qu'elle ne cessait de tergiverser. C'est tellement difficile de convaincre quelqu'un de venir en Haïti. On vous dit d'abord oui, car c'est un pays qui fascine encore. Correspondance intense. Puis, silence. Les amis et les proches déconseillent. On consulte des sites sur Internet qui vous présentent un pays extrêmement dangereux. C'est la panique. Finalement, c'est non. Dans le cas de Chantal Guy, j'ai lourdement insisté, argumentant chacune de ses hésitations. C'était important, à mes yeux, que cette délégation d'écrivains québécois soit accompagnée d'une bonne journaliste. De plus, c'est une amie. Je vis au Québec depuis trente-quatre ans, je connais tout le monde dans le milieu littéraire, j'ai lu la plupart des écrivains en activité, j'estimais qu'il était temps que les écrivains québécois aillent voir comment vivent les Haïtiens chez eux. Ce n'est pas sain, je crois, de garder en son sein quelqu'un qui vous connaît autant, qui a arpenté les moindres recoins de votre vie, sans avoir aucune idée de son pays d'origine. Cela ne suffit pas de regarder des reportages sur Haïti à la télé pour avoir une idée exacte, il faut aussi toucher de ses mains la terre, les arbres, observer les gens dans leur environnement naturel. Ce n'est nullement un reproche. J'espérais un dialogue entre les écrivains du Québec et ceux d'Haïti – qui représentent les deux plus grandes populations francophones en Amérique. Et Chantal Guy a résisté, pour finalement dire oui. Et voilà que la terre tremble. J'ai donc pensé à elle au moment fatal. Surtout que j'ai entendu dire (tant de rumeurs ont circulé cette nuit-là) que l'hôtel Villa Créole où elle logeait était lourdement endommagé. La voilà qui arrive toutes voiles dehors : Vénus sortie des flammes. Le photographe Ivanoh Demers la talonne. Lui est plutôt gêné. Port-au-Prince a été une révélation pour Chantal Guy. D'une fille qui avait peur de son ombre, elle est devenue une intrépide guerrière capable d'affronter les éléments déchaînés. Quant à Demers, les photos qu'il a faites ce jour-là ont fait de lui, durant une semaine au moins, le plus célèbre photographe de la planète. Ses photos ont été reprises dans les journaux du monde entier. Et son émouvante photo du jeune garçon qui tourne son regard vers nous, avec un mélange de douleur et de dignité, restera longtemps dans notre mémoire. La lumière douce qui éclaire son visage fait penser à la peinture flamande. Pourtant, il semble déchiré entre cette célébrité inattendue et la ville détruite – l'un n'allant pas sans l'autre. Il n'a pas à se sentir mal. Sa photo restera.

La culture

Subitement, Chantal Guy me demande si je n'ai pas un message pour les lecteurs du Québec. Le mot « message » me fait généralement fuir. Un simple regard jeté autour de moi indique que la situation est exceptionnelle. C'est à cet instant précis que j'ai compris qu'on a tous frôlé la mort. Elle sort son calepin et note : « Quand tout tombe, il reste la culture. Et la culture, c'est la seule chose qu'Haïti ait produite. » Ça va rester. Ce n'est pas une catastrophe qui va empêcher Haïti d'avancer sur le chemin de la culture. Ce qui sauve cette ville, c'est le peuple. C'est lui qui fait la vie dans la rue, qui crée cette vie. Il ne faut pas se laisser submerger par l'événement. » L'art, à mes yeux, n'est pas un luxe, il structure notre vie et se révèle aussi nécessaire que le pain.

La chambre

J'ai décidé de remonter dans ma chambre. La façade qui donne sur la cour est endommagée, mais l'hôtel n'est pas tombé. Des débris partout – on ne peut pas vraiment estimer les dégâts. Je prends l'escalier pour monter au deuxième. De là, je peux voir que le hall d'entrée a été rudement saccagé. Je poursuis mon aventure. Je ne sais plus ce qui m'attend. Jusque-là tout va bien, mais l'hôtel peut s'écrouler à tout moment. J'arrive devant ma chambre. La porte, fermée. Je sors ma carte électronique. Aucune chance que ça marche. Le tremblement de terre a saboté tout le système électrique. De plus, on a coupé le courant pour éviter un incendie. Miracle : la carte fonctionne. J'entre. La chambre est intacte, à part la télé qui est par terre. Je repère ma valise. L'ordinateur que Maëtte Chantrel m'avait prêté n'a pas bougé de la table de chevet. Mes deux dernières mangues m'attendent gentiment à côté de l'ordinateur. Je prends tout ce que je peux emporter. J'imagine tous ces gens qui font la même chose en ce moment, tentant de sauver les affaires auxquelles ils tiennent, des choses inutiles. Qui pourra faire la démarcation entre l'utile et le futile ? Un enfant qui pleure sa poupée, est-ce de l'utile ou du futile ? Je sens que je ne dois pas rester trop longtemps dans cette chambre, en même temps je suis conscient de l'importance de cette provocation. Quand on vient de risquer sa vie à ce point, on est habité par une étrange frénésie. On veut défier les dieux. Cette envie irrésistible de me coucher sur le lit. Je me ravise au dernier moment sentant que je suis peut-être en train de faire une bêtise. Ce n'est peut-être pas fini. Une nouvelle secousse, comme un uppercut, peut mettre l'hôtel K.-O. Je ne sais plus depuis combien de temps je suis dans la chambre. Depuis hier, j'ai perdu la notion du temps. Je sais maintenant qu'une minute peut contenir une vie humaine. Une densité nouvelle pour moi. J'ai quitté la chambre en laissant la porte ouverte. Cette impression que c'était la dernière fois qu'elle s'ouvrait électroniquement.

Le rhum

On est autour de la table, au milieu de la cour, quand quelqu'un exhibe une bouteille de rhum. Du Barbancourt cinq étoiles. Quel luxe ! Il y a des gens qui trouveraient une bouteille de rhum même en enfer. Ils l'ont dénichée dans un des placards du bar. On nous a assurés que ce n'était pas la dernière bouteille. C'est la seule chose capable de combattre l'angoisse de la nuit prochaine. Les maringouins se rassemblent, sous un lampadaire, avant de passer à l'attaque. Leur musique exaspérante bourdonne déjà à mes oreilles. On boit au goulot (on se permet tout ce que l'éducation nous interdit). La chaleur du rhum dans nos ventres. On ouvre les boîtes de sardines. Je me rappelle que j'ai laissé du pain sur la table du restaurant. Rodney et moi, on part chercher ce pain. C'est la première fois qu'on revient sur les lieux. Rien n'a bougé. Le restaurant est en bois, donc plus souple que le béton. La corbeille de pain encore à la même place. Cette impression de voler l'offrande aux dieux.

La seconde nuit

On s'installe pour la nuit. Chacun revient à l'endroit où il a dormi la veille – on a déjà pris nos marques. Un petit mouvement à l'entrée. Les gardiens arrivent avec des matelas, des draps et des oreillers. L'oreiller est un signe qu'on a atteint un haut degré de civilisation. La tête n'est pas au même niveau que le reste du corps. C'est un changement énorme par rapport à la nuit dernière. Une bonne nuit de sommeil nous rendra moins sensibles aux petites secousses. Il nous faut des nerfs solides. Ce n'est plus l'angoisse de la nuit dernière, alors que nous n'étions même pas sûrs de voir l'aube. On est plus exaspérés qu'angoissés. On voudrait que cette maudite terre arrête de trembler. Ce point rouge qui bouge dans le jardin. C'est un homme en train de fumer.

L'emmerdeuse

Il y a toutes sortes de gens dans un groupe. Et les tempéraments se révèlent assez rapidement. Les mesquins, les jaloux, les généreux, les optimistes, les pessimistes, les aventuriers, les prudents, les silencieux et les emmerdeurs. J'ai une emmerdeuse dans mon coin. Elle ne parle que de ses problèmes. La plupart des gens ici ont peut-être des parents morts ou blessés, elle, elle s'en fout. Elle sait que son mari est vivant, mais laisse planer un doute afin de rester au centre de l'attention. Elle se plaint de tout. Pour elle, les Haïtiens ont une part de responsabilité dans ce malheur. Pour s'attirer autant de malheurs on doit avoir commis quelque crime. Et ça n'arrête pas. On s'échange des regards. Elle vient d'annoncer qu'il fait trop beau pour dormir. Elle a raison, car le ciel est magnifique et la terre toute chaude de tant de convulsions. Je préfère être attaqué par une armée de maringouins en furie que de l'avoir dans mon dos.

Un adolescent

Il est arrivé cet après-midi. Il s'est installé dans un coin sans bruit. Son pied lui fait mal. Il souffre en silence. Maëtte Chantrel l'a tout de suite pris sous son aile – d'autant plus qu'il a perdu ses parents. Elle l'a soigné et l'a défendu quand un gardien lui a demandé de quitter les lieux. La première nuit, c'était possible de garder des inconnus dans notre espace, car même les voleurs étaient sous le choc. Il y a toujours un risque à dormir en plein air. Le touriste possède deux choses qui attisent la convoitise: l'argent et un passeport valide. De plus, nos valises sont empilées le long de la clôture. Les hommes, Michel Le Bris et Rodney Saint-Éloi surtout, dorment à poings fermés. Ce sont les femmes qui veillent, attentives au moindre bruit. Elles relèvent la tête dès qu'une ombre passe dans le jardin. C'est souvent quelqu'un qui pisse derrière un arbre. Les femmes se sont aménagées un coin près du grillage pour les besoins primaires, de sorte qu'elles n'ont pas à quitter le périmètre de sécurité. Leur anxiété augmente du fait qu'elles ne comprennent pas le créole. Heureusement qu'il y a ces chants et ces prières pour les bercer durant la nuit.

La conversation du matin

Ce matin, j'ai passé un moment à observer cette grand-mère en train de chanter avec son petit-fils. Ils dormaient de l'autre côté du filet de tennis. On aurait dit qu'ils vivaient dans un autre quartier. Ces chants m'ont permis de remonter à toute vitesse dans ma propre enfance. Après, ils ont conversé à voix basse pendant un long moment. Je notais sous le drap les pensées du matin qui m'assaillaient. Par jets bondissants. Des images qui n'ont rien à voir avec le séisme. Je comprends que mon esprit veut quitter cet espace dans lequel l'horreur le garde enfermé. Je relève la tête. Ils sont encore à se parler. Une complicité profonde unit ces deux êtres que le gouffre du temps sépare. Au fond, ils vivent dans le même espace-temps fluide. Au début et à la fin de la vie, on dispose d'un temps plus libre. C'est ce temps qui permet cette merveilleuse complicité entre l'enfance et la vieillesse. Cette grand-mère tente désespérément d'épargner à son petit-fils la laideur du monde. On dirait que plus les risques sont grands, plus certaines personnes sourient à la vie. On les traite d'insouciants ou d'irresponsables sans savoir que ce sont pourtant des êtres d'une force d'âme exceptionnelle. S'ils ont traversé cette époque sanglante avec une humeur égale, c'est qu'ils estiment qu'on n'a pas besoin d'ajouter au malheur universel son drame personnel. Ma grand-mère m'avait arraché des griffes du dictateur en m'apprenant autre chose que la haine et l'esprit de vengeance. Cette grand-mère, pas loin de moi, est en train de substituer des images horribles par des chansons et des mythologies qu'elle tire de sa mémoire vacillante. Il ne se rappellera, un jour, que de la voix de sa grand-mère dans la douceur de l'aube.

Le premier bilan

Dès le matin, on se réunit pour un bilan de la situation. On ne peut plus continuer dans cette léthargie. La planète a les yeux sur Port-au-Prince. Ces images de destruction absorbent l'énergie des gens partout dans le monde. Bilan de la situation. Les radios ont repris timidement et crachotent l'horreur. L'Internet fonctionne par intermittence – avec des fenêtres de dix minutes pas plus. Les téléphones ne marchent pas encore. On a l'impression que cela s'est passé il y a mille ans. Nous n'avons pas encore assimilé la gravité de la situation. Même moi qui ai vu des morts. Je n'ai pas osé en parler aux autres. On dit des chiffres. C'est si abstrait : cent mille ou deux cent mille. On augmente ou on retranche dix mille morts, comme si chaque mort ne méritait pas une attention particulière. Tout cela, bien sûr, pour éviter de perdre la tête.

La rumeur

La rumeur circule que les pillages ont déjà commencé. Dans l'hôtel même. Panique. On a dévalisé, paraît-il, les coffres-forts des chambres. De petits groupes se forment déjà, sur la cour et devant l'hôtel, pour commenter la situation. On pense à se défendre. On ne va pas rester là à attendre qu'on vienne nous égorger comme des cabris attachés à un pieu. Le ton commence à monter. Les gens sont à bout de nerfs. Je cours me renseigner auprès des gardiens de sécurité. Rien à signaler. Auprès des femmes de chambre. Elles n'ont rien vu de particulier. Quant aux propriétaires de l'hôtel, c'est la première fois qu'ils entendent parler de ça. En fait, les coffres-forts sont intacts. Voilà comment on tue une rumeur avant qu'elle ne se répande comme de l'huile sur une surface lisse.

Une ville calme

Finalement, on n'a pas eu ces scènes de débordement que certains journalistes (ça fait vendre) ont appelées de leurs vœux. J'imagine les premières pages si les pillages s'étaient multipliés. Et les commentaires du premier venu sur un pays de barbares. Au lieu de cela, on a vu un peuple digne, dont les nerfs sont assez solides pour résister aux plus terribles privations. Quand on sait que les gens avaient faim bien avant le séisme, on se demande comment ils ont fait pour attendre si calmement l'arrivée des secours. De quoi se sont-ils nourris durant le mois qui a précédé la distribution de nourriture ? Et tous ces malades sans soins qui errent dans la ville ? Malgré tout, Port-au-Prince n'a pas perdu son sang-froid. On les a vus se mettre en rang pour recevoir les bouteilles d'eau distribuées dans les bidonvilles. Ces endroits, il y a quelques mois seulement, que l'on considérait encore comme des zones sensibles où l'État était incapable d'assurer la loi. Que s'était-il donc passé ? À quoi devait-on attribuer ce changement ? Était-ce le choc que ce pays attendait pour se réveiller et arrêter cette chute vertigineuse ? Il faudra attendre encore un peu pour connaître le véritable impact de cet événement sur le destin d'Haïti. En attendant, apprécions ce calme. Surtout quand on sait que des explosions d'un autre ordre sont à venir.

Amos Oz

Juste avant mon départ pour Haïti, le 5 janvier, alors qu'on soupait ensemble à Montréal, Saint-Éloi m'a fait cadeau du livre d'Amos Oz : *Seule la mer*. Mon premier contact avec cet écrivain qui depuis longtemps m'attire. Comme il a apporté son exemplaire avec lui, on a sorti nos livres pour lire Oz à haute voix. Ma confiance dans la poésie est sans limite. Elle est seule capable de me consoler de l'horreur du monde. Saint-Éloi lit debout ; moi, assis sur une valise. Il a le sentiment que j'ai les mêmes obsessions qu'Amos Oz : le rapport à la mère, au village et à l'errance. Il me lit ce bref poème :

Je ne partage pas cette idée
dit sa mère.
L'errance sied
à ceux qui sont égarés.
Baise, mon fils, les pieds
de la femme Maria
dont le ventre, un instant
à moi t'a ramené.

Je sens une légère différence entre nous. Ma mère murmure plus qu'elle ne parle. C'est un chant intérieur. Tandis que la voix de la mère d'Amos semble plus sûre. Elle ordonne même : « Baise mon fils, les pieds de la femme Maria... » Ma mère ne connaît pas ce temps de verbe : l'impératif. La mère d'Amos Oz est tout en passion ; la mienne, tout en douceur.

La toilette

Je ne sais pas ce qui me prend, j'ai envie de briser le cercle. Je n'aime pas cette position de faiblesse. Une attente sans but. Je dois poser un geste d'éclat pour signifier au séisme que je suis toujours vivant. À ses yeux, nous ne valons pas plus qu'un arbre. Alors je ne peux refuser ce duel si je veux recouvrer ma dignité. D'abord me laver. Saint-Éloi m'accompagne dans cette aventure. On plonge un seau dans la piscine pour aller se laver dans les toilettes, situées au-dessous du restaurant. Cela a l'air banal, pourtant personne, à part les employés de l'hôtel, ne s'était encore aventuré jusque-là. On a pris deux grandes serviettes près de la piscine. On se frotte vigoureusement pour enlever toute trace de malheur. On s'essuie, tout en conversant, comme des sportifs après un match éprouvant. On met des habits propres. Et on sort. Sur le court de tennis, j'ouvre ma valise pour prendre un rasoir et du parfum. Les gens nous regardent, d'abord ahuris, puis enthousiasmés. Cette opération vient de dynamiser tout le monde. Comme si on se réveillait enfin d'un long cauchemar. Michel Le Bris déclare qu'il va se faire un shampoing et accepte de se séparer pour la première fois de son ordinateur. Il revient, quelques minutes plus tard, complètement ragaillardi. Les femmes sortent leur rouge à lèvres, moi mes deux mangues. On me passe un canif. J'offre une tranche à chacun. Il aura fallu un tremblement de terre pour que je partage une mangue.

Le retour

Cette cérémonie à peine terminée, je vois arriver des gens derrière le grillage du terrain de tennis. Ce sont des officiels de l'Ambassade du Canada qui ratissent les hôtels pour proposer un avion aux citoyens canadiens qui veulent rentrer. Il y a un départ vers 13 h 00 à partir de l'Ambassade. Il faut vite prendre une décision. Saint-Éloi ne peut pas partir car il est seulement résident, alors que l'armée, nous dit-on, est stricte là-dessus : uniquement ceux qui ont un passeport canadien. Pas question de partir sans Saint-Éloi. Je demande aux gens d'attendre un moment. On se retire sous un arbre pour discuter de la chose. Il faut distinguer ce qui est important, et ce qui importe en ce moment, c'est que je sois à Montréal.

– Qu'est-ce que tu peux faire ici ? me dit-il, sinon te lamenter avec les autres, et ça on est déjà nombreux à le faire.

J'ai le sentiment qu'il faut que je reste malgré tout. Saint-Éloi continue :

– Veux-tu laisser uniquement aux journalistes internationaux le soin de raconter ce qui s'est passé ? Ils commencent déjà à dire qu'on est un peuple maudit.

– Ça, je peux le faire d'ici, Rodney.

– Pourquoi te donneraient-ils de l'espace pour les contredire ? Tu n'auras que vingt secondes dans les nouvelles. Ils vont privilégier les cadavres. Il faut les comprendre, on n'a pas envoyé une équipe de télévision à Port-au-Prince pour faire un débat après un séisme. On veut des images-chocs.

– Bien sûr que je comprends tout cela, mais l'idée de laisser tous ces gens sous les décombres me taraude encore.

Et Saint-Éloi d'ajouter :

– Il n'y a pas que les Haïtiens d'ici, il y a aussi ceux qui sont à l'étranger, ils doivent savoir ce qui s'est passé. Par quelqu'un en qui ils ont confiance, un des leurs qui a vécu ça. Ils veulent l'entendre dans leurs mots et selon leur sensibilité. Déjà en période de calme, ils se méfient de la manière dont la presse internationale parle d'Haïti (un peuple de miséreux), tu crois qu'ils vont les croire aujourd'hui ? Tu auras toutes les tribunes disponibles et ta voix pourra équilibrer les choses.

D'accord, j'ai compris. Je suis allé voir les gens de l'Ambassade qui, par chance, étaient encore dans la cour de l'hôtel à discuter avec le propriétaire. Et je leur ai dit que je venais avec eux. J'ai appris à me décider très vite. Comme au moment des premières secousses. Il faut savoir si tu restes là où si tu vas ailleurs. Cela fait une différence, quoiqu'on ne sache pas toujours dans quel sens. Il arrive aussi qu'on coure vers sa mort. J'ai encore un doute. C'est peut-être la dernière fois qu'on me propose un rapatriement. On ne sait jamais avec l'armée. Je n'ai pas envie de me retrouver coincé ici, alors qu'à Montréal, je peux agir. Il faut rectifier tout de suite les choses, dans quelques jours ce sera impossible. Le mot « malédiction » va se métastaser comme un cancer et pourrir la collecte pour Haïti. Et tant qu'on y est on parlera de vaudou, de sauvagerie, de cannibalisme, de peuple buveurs de sang. J'ai assez d'énergie pour contrer ça et ce foutu Médicis doit bien servir à quelque chose.

Un fragile barrage

Me voilà en route vers l'Ambassade. Une petite ruche. Tout le personnel est à pied d'œuvre. On s'occupe de vous. Des formulaires à remplir pour ceux dont les passeports sont restés sous les décombres. J'avais mon passeport autour de mon cou, comme toujours. Quelques personnes allongées sous un abri de fortune. Des gens plutôt éprouvés que blessés. Ils bénéficient d'un soin particulier. On nous prépare quelque chose à manger dans une petite cuisine. Y aura-t-il assez pour tout le monde ? On fait ce qu'on peut avec les moyens du bord. C'est si artisanal que c'est émouvant. Surtout quand on sait ce qui se passe dehors. Plus de deux cent mille morts (on commence à murmurer des chiffres effarants) et trois cent mille estropiés. Ici, on a de l'espace et de la bouffe pour une cinquantaine de personnes. Je me demande comment ce fragile barrage pourra tenir face à ce tsunami de douleurs qui s'apprête à déferler. On monte dans l'autocar pour se diriger vers l'aéroport. Je n'ai pas eu le temps de revoir ma mère, ni même de l'avertir de mon départ.

L'ami nomade

Dominique Batraville, cet ami, habite Port-au-Prince. Je ne connais pas son adresse. De toute façon, il n'est jamais chez lui. On finit toujours par le croiser à une exposition, un lancement de livre, une conférence de presse au ministère de la Culture. C'est un journaliste culturel, exactement ce que je faisais quand je vivais à Port-au-Prince. Il fait partie des jeunes poètes que mon beau-frère Christophe Charles a publiés il y a quelques décennies, dans son magazine destiné à l'époque aux moins de dix-huit ans. Il est l'auteur de *Boulpic*, un recueil de poèmes en créole. Il a connu l'enfer, mais ne se plaint pas. Il se frappe la poitrine de sa paume ouverte pour vous assurer que rien ne pourra le détruire. On ne sait jamais dans quel état on le trouvera. Il a des hauts et des bas. Quand ça ne va vraiment pas, il peut disparaître de la circulation pendant un bon mois. Les amis, alarmés, le recherchent tout en sachant qu'il réapparaîtra. Le voilà d'ailleurs. On entend, de loin, son grand rire si caractéristique. L'un des rares hommes que je connaisse qui n'a pas d'ennemis. On ne devrait jamais dire une pareille chose, je le dis pour lui. Il franchit allègrement les frontières, et cela dans un pays où on ne plaisante pas avec la question des classes sociales. C'est un homme-orchestre : il est animateur de radio, journaliste de la presse écrite, poète, comédien et impresario bénévole. Il est toujours accompagné d'un jeune dont il vante le talent. Il parcourt la ville. On l'imagine de plus en plus fragile (surtout depuis la mort de sa mère), son clin d'œil complice se fait rassurant. Si Frankétienne observe constamment Port-au-Prince du balcon de sa maison où il se tient souvent torse nu, Batraville, lui, déambule dans Port-au-Prince. Il en connaît chaque recoin. Avec cette façon d'arpenter le territoire, il me fait penser à Gasner Raymond, cet ami assassiné par la dictature il y a trente-quatre ans. Gasner était caustique. Le rire de Batraville peut paraître parfois sarcastique, on voit tout de suite que c'est un homme généreux et doux. On le sent à cette façon qu'il a, en vous voyant, d'ouvrir largement les bras tout en lançant son torse vers vous. Il se donne entièrement. Tout Batraville est là. J'ai respiré en apprenant qu'il n'était pas mort. C'est incroyable que ce soit un homme si démuni qui incarne à mes yeux cette ville indomptable.

La guerre sémantique

Déjà, sur le terrain de l'aéroport, la bataille a débuté. À une question d'un journaliste, j'ai senti qu'on venait d'ajouter un nouveau qualificatif à Haïti. Pendant longtemps, Haïti a été vu comme la première république noire indépendante du monde, et la deuxième en Amérique après les États-Unis. Cette indépendance ne nous pas été accordée entre deux martinis et des discours pompeux sur une pelouse couverte de confettis, elle a été conquise de haute lutte à la plus grande armée européenne, celle de Napoléon Bonaparte. Mon enfance a été bercée par des histoires d'esclaves qui n'avaient pour toute arme que leur désir de liberté et une bravoure insensée. Ma grand-mère me racontait, les soirs d'été, les exploits de nos héros qui devaient tout prendre à l'ennemi : les armes comme les techniques de combat. Et brusquement, vers la fin des années 1980, on a commencé à parler d'Haïti uniquement en termes de pauvreté et de corruption. Un pays n'est jamais corrompu, ce sont les dirigeants qui le sont. Les trois quarts de la population qui, malgré une misère endémique, parviennent à garder leur dignité, ne devraient pas recevoir cette sale gifle. Quand on dit Haïti, ils se sentent visés. Pays le plus pauvre, c'est sûrement vrai – les chiffres le disent. Mais cela efface-t-il l'histoire ? On nous accuse de trop la ressasser. Pas plus qu'aucun autre pays. Quand la télé française, par exemple, veut renflouer ses caisses, elle programme une série sur Napoléon. Que de films et de livres sur l'histoire de France, d'Angleterre ou encore sur la guerre du Vietnam, alors qu'il n'y a pas un seul film sur la plus grande guerre coloniale de tous les temps, celle qui a permis à des esclaves de devenir des citoyens par leur seule volonté. Et là, je vois poindre un nouveau label qui s'apprête à nous enterrer complètement : Haïti est un pays maudit. Il y a même des Haïtiens désemparés qui commencent à l'employer. Faut être vraiment désespéré pour accepter le mépris de l'autre sur soi. Ce terme ne peut être combattu que là où il a germé : dans l'opinion occidentale. Mon seul argument : Qu'a fait de mal ce pays pour mériter d'être maudit ? Je connais un pays qui a provoqué deux guerres mondiales en un siècle et proposé une solution finale et on ne dit pas qu'il est maudit. Je connais un pays insensible à la détresse humaine, qui n'arrête pas d'affamer la planète depuis ses puissants centres financiers et on ne le dit pas maudit. Au contraire, il se présente comme un peuple béni des dieux. Alors pourquoi Haïti serait-il maudit ? Je sais que certains l'emploient de bonne foi, ne trouvant d'autres termes pour qualifier cette cascade de malheurs qui s'acharnent sur un peuple démuni. Je dis ici fermement que ce n'est pas le bon mot, surtout quand on peut constater l'énergie et la dignité que ce peuple vient de déployer devant l'une des plus difficiles épreuves de notre temps.

Le pillage raté

Quand la poussière a commencé à retomber, les grands médias, qui avaient déjà beaucoup investi dans la couverture de l'événement, ont voulu monter en épingle des faits mineurs – cela, on l'a dit et on le redira. Pour eux, c'était la logique même : les pilleurs allaient arriver. D'ailleurs, certains se postaient à des endroits stratégiques pour attendre la horde des pilleurs. Cette attente durait depuis un moment déjà quand un journaliste d'une agence de presse internationale s'est écrié : « J'ai vu mon premier pilleur ! » Malheureusement, un pilleur ne fait pas le pillage. Et il n'y en a pas eu assez pour retenir la presse populaire. Les deux ou trois personnes que j'ai vues sortir du Caribbean Market ne peuvent être considérées comme des pilleurs, car ce qu'elles ont été chercher sous les décombres, au péril de leur vie, allait être détruit plus tard par des bulldozers. Aucun chroniqueur n'a été assez futé pour écrire un papier sur l'absence de pilleurs. Les rares qu'on a croisés ont fait la manchette. La même photo de cet homme brandissant un couteau est montrée partout. Il y a bien eu un groupe de jeunes se promenant avec des machettes, on soupçonne aussi qu'ils étaient téléguidés par des gens qui espéraient ainsi créer une atmosphère de terreur. Quant au petit nombre de vrais pilleurs, c'est à peine suffisant pour une ville de près de trois millions d'habitants.

Je suis étonné qu'on ne soit pas assez étonné du fait qu'une des capitales les plus pauvres de la planète se soit conduite si dignement dans un moment aussi dramatique.

Le panorama

Aucun répit. Je m'y attendais, mais pas à ce point. Déjà à l'arrivée, à Dorval, la télé était là. Les questions fusaient dans tous les sens et je découvrais mon ignorance de la situation. En Haïti, on n'avait pas assez de recul pour voir tout le paysage. On ne pouvait s'occuper que de ses voisins immédiats. On ignorait ce qui se passait dans les autres quartiers de la ville. La radio ne fonctionnait pas encore à plein régime. Il fallait trouver de l'eau, aider un blessé à se rendre à l'hôpital ou s'occuper d'un enfant dont les parents ne s'étaient pas encore manifestés. Chacun cherchait à savoir si tous les membres de sa famille étaient encore en vie. On n'ose plus demander de nouvelles des gens. C'est toujours un choc d'apprendre la mort d'un ami. Si en Haïti on vit tout cela en direct, à l'étranger on les voit. Le petit écran ne cligne jamais de l'œil. Il regarde tout. Sans pudeur parfois. Depuis mon arrivée il y a quelques heures, je suis prostré dans mon lit et ne cesse de regarder défiler sous mes yeux ces images d'épouvante, ne pouvant croire que je viens tout juste de quitter ce paysage dévasté. J'ai éteint la télé quand j'ai compris que cela ne pouvait que me démoraliser. Le pire n'est pas l'enfilade de malheurs, mais l'absence d'humanité dans l'œil froid de la caméra. Si le regard humain se mouille parfois de larmes, l'écran, lui, reste sec. Le sommeil est venu m'avertir qu'il était temps de baisser la garde.

Le verre d'eau

Je me suis réveillé tout en sueur. Je sentais bouger la chambre. Les livres sur la petite table de chevet sont tombés sur le plancher. Je suppose que je faisais un cauchemar et qu'en bougeant les mains j'ai dû renverser le verre d'eau. Ce verre d'eau que je garde près de moi, car j'ai l'habitude de me lever au milieu de la nuit pour lire. Surtout de la poésie. Si ce banal dégât m'a autant atteint, c'est que je sais qu'on manque déjà d'eau en Haïti. Il faut la faire bouillir. Ce n'est pas facile d'allumer un feu quand les allumettes se font rares. Je regarde le plancher mouillé sans parvenir à me sortir de la tête ces images de gens qui ont soif. D'ordinaire, je suis contre le fait de transposer des tourments d'un lieu à l'autre. Je crois qu'il vaut mieux garder son énergie pour aider les autres à résoudre les problèmes. Ce n'est pas parce qu'il manque d'eau en Haïti qu'on devrait en manquer au Québec. Par contre, on pourrait leur en donner un peu. Quant à cette impression que la terre a bougé, elle m'habitera longtemps encore. Il faudra s'y faire. C'est le lot de tous ceux qui étaient présents en Haïti le 12 janvier 2010, à 16 h 53.

Pourquoi écrivez-vous ?

Quand je parle ainsi, ce n'est pas pour évoquer mes petites inquiétudes personnelles, mais pour tenter de dire ce que d'autres ressentent sans pouvoir le formuler. J'écris ici pour ceux qui n'écrivent pas. Ce n'est pas leur métier, et ils n'ont ni le goût, ni le temps pour cela. Pour moi, ces impressions hâtivement notées auront leur importance plus tard quand on voudra savoir comment les gens ont traversé ces moments difficiles. Bien entendu, je parle uniquement de ce que j'ai vu, senti ou vécu ; pour le reste, les médias s'en occupent et le font très bien dans la plupart des cas. J'écris aussi pour tous ceux qui sont occupés à aider les autres (maçons, infirmières, médecins, ingénieurs, ouvriers, etc.) en intervenant dans leur domaine respectif. Je tente de récupérer des émotions et des sensations si subtiles qu'elles ne peuvent intéresser la presse, plus friande d'éclats. Une grande partie de la vie se consume dans l'attente. La caméra a de la difficulté à capter les passages à vide. Les corps immobiles. Les regards éteints. La douleur silencieuse. Les joies sereines. La vie ordinaire. Cela exige un temps dont la télé, toujours pressée, ne peut disposer.

Les images

Je me relève en plaçant l'oreiller derrière mon cou. J'allume la télé sans mettre le son. Les images défilent en silence. Un flot continu. Des femmes aux bras en croix. De longues files de gens marchant sans but. Une jeune fille qui raconte une histoire – je n'ai pas besoin de l'entendre pour comprendre ce qu'elle dit. Tous ces gens vivent la même détresse. Vont-ils s'en sortir ? Je ne peux pas me permettre de telles questions alors qu'ils se battent encore. Ils n'ont besoin de la compassion de personne. Ce sont les guerriers de la vie. En les aidant, on fait plus pour soi que pour eux. Leur aventure est nôtre. Est-ce pourquoi on la suit si attentivement ? Pour savoir à quel moment l'homme commence à plier sous le poids des malheurs ? Cette question nous intéresse – elle est profondément humaine.

La mort virtuelle

Je me suis levé pour allumer l'ordinateur. Ce que je n'ai pas pu faire depuis les trois derniers jours. Je découvre que Wikipédia avait annoncé ma mort. Cela fait étrange de lire ces deux dates: 1953-2010. Ma boîte à lettres déborde de messages. Je reçois en plein visage un flot d'affection. Je me nourris du lait de la tendresse humaine. On accepte le fait que je ne puisse pas honorer mes rendez-vous. Je fais tout de suite comprendre à tout le monde qu'il n'en est pas question. Des conférences dans les écoles, des émissions de télé, des festivals littéraires, des voyages divers – tout est bon si on peut évoquer la situation d'Haïti. Je les assure tout de suite de ma présence. Je compte me dépenser jusqu'à épuisement. C'était la condition de mon départ d'Haïti. Les gens doivent entendre une voix à laquelle ils peuvent s'identifier. Quelqu'un qui les connaît du dedans. Une bonne partie des journalistes font l'effort de rester sensibles à ce qui se passe autour d'eux, et cela malgré la contrainte de temps et l'exigence d'un style assez éclatant pour attirer l'œil du public. Certains journalistes sont si touchés qu'ils deviennent muets – ce qui est dommage. L'émotion ne garantit pas non plus la compétence. Pour un grand nombre d'entre eux, c'est leur premier voyage en Haïti. Ils ne comprennent pas le créole (c'est important, car cette fois, il ne s'agit pas d'entrevues avec des politiciens ou avec des experts, mais bien de rencontrer la population). Comment peut-on s'y retrouver quand on ne connaît ni la langue, ni les mœurs, ni l'histoire, ni la géographie du pays qu'on couvre? Pour pallier ces déficiences, certains usent d'arrogance. On peut dire ce qu'on veut d'un petit peuple démuni. Personne ne vous demandera de rectifier des propos insultants lancés à une population sous les décombres. On peut y aller, chef? Vas-y, cogne!

La transe des chiffres

La mort d'une personne est intolérable. Que dire alors de ces chiffres si faramineux que mille de plus ou de moins ne fait aucune différence? Un chiffre rond, clair, nous paraît plus tolérable: deux cent mille ou deux cent dix mille. On accepterait moins facilement de lire deux cent neuf mille six cent quatre-vingt dix-sept morts. Cela aurait l'air trop vrai et nous forcerait à imaginer chaque mort en particulier. C'est étrange qu'au-delà d'un certain seuil notre cerveau, au lieu de s'affoler, libère une énergie exceptionnelle proche de la transe.

L'ÉPUISEMENT TOTAL

L'épuisement total m'a atteint au moment où j'ai été nommé personnalité de l'année, titre décerné par Radio-Canada et le quotidien *La Presse*. Au cours de l'entrevue, à la cérémonie, j'étais mort de fatigue. J'ai dû me faire violence pour garder les yeux ouverts. Il ne me restait plus aucune goutte d'énergie. Mon élocution est devenue pâteuse. Les choses dansaient devant mes yeux. On aurait dit un boxeur, atteint au menton, qui tente de s'accrocher à l'air avant de glisser vers le sol. Entre les questions et mes réponses, il y avait un temps vide que je n'arrivais pas à mesurer. Est-ce trois, dix, vingt secondes? Je n'en ai aucune idée. J'assurais le minimum. Tout cela me semblait interminable. La même impression que dans certains rêves, lorsqu'on ne parvient pas à bien comprendre ce qui se passe. Tout est flou. Un temps mou.

Je me rappelle simplement avoir dit ces mots: « C'est une semaine assez spéciale. Mardi dernier, j'étais couché par terre avec ce tremblement de terre à Port-au-Prince, et là, on est dimanche, je suis debout pour recevoir un prix dans une soirée de gala. Je trouve que les deux postures se valent, c'est-à-dire la vie et la mort. »

Nuit d'angoisse

Je suis arrivé à Montréal au milieu de la nuit et Maggie est venue me chercher à Dorval. Elle semblait épuisée. Les derniers jours avaient dû être terribles pour elle. Pendant une nuit et un matin, elle m'avait perdu sur son radar. Du jamais vu. Elle n'en savait pas plus que les journalistes qui n'arrêtaient pas de téléphoner pour avoir de mes nouvelles. Elle n'avait aucune idée de ma situation à ce moment-là, si j'étais à l'hôtel ou ailleurs. À 16 h 53, on peut être n'importe où. J'ai pourtant tenté plusieurs fois, durant la nuit, de la rejoindre. Cela sonnait, personne ne décrochait à l'autre bout. Elle sentait que c'était moi qui appelais, pourtant elle n'entendait rien. Une sorte de vide. Comme si l'appel venait d'un autre monde. Je suis effrayé d'entendre cela, sachant que Maggie n'est pas du tout superstitieuse. Elle protège âprement sa vie privée. C'est rare que je parle d'elle en public plus de cinq minutes. Elle s'est retrouvée à gérer deux crises majeures en même temps. Ma disparition et les médias. Les journalistes ont été pour la plupart élégants, me dit-elle. Il y a eu un petit cafouillage à un moment donné. Elle n'arrivait pas à comprendre que le fait de ne pas savoir où j'étais, c'était aussi de l'information. Le journaliste lui demandait l'autorisation d'enregistrer sa déclaration. Elle s'obstinait à répondre qu'elle n'avait rien à dire puisqu'elle ne savait pas où j'étais.

Finalement, le pauvre journaliste a compris qu'elle n'était pas au courant de ce système absurde qui fait de n'importe quoi une nouvelle. Puis, la nuit est venue. Le téléphone à côté. Elle n'est pas parvenue à se concentrer sur ses mots croisés. Déjà, elle doit trouver que je parle trop d'elle.

L'identité en miettes

J'ai quitté Port-au-Prince sans avoir eu le temps de saluer ma mère. C'était si rapide. Elle s'attendait à ce que je repasse la voir. J'essaie de la rejoindre depuis mon arrivée à Montréal. Cela sonne toujours occupé. Une fois je suis tombé sur quelqu'un. Puis-je parler à ma sœur ? Elle arrive, pourtant ce n'est pas elle. J'insiste pour parler à Ketty. Je dis bien « Ketty ». On me passe une autre femme. J'imagine qu'avec tout ce retournement des choses, d'autres parents sont venus les rejoindre. Je voudrais parler à ma mère. On me passe quelqu'un après un long moment, ce n'est pas ma mère. Je dis Marie (car elle s'appelle Marie). On me trouve une Marie, ce n'est pas ma mère. Et mon neveu Dany ? La voix au bout du fil est soudain plus claire, comme si je venais de lui poser une question dont elle avait la réponse. On me passe Dany, ce n'est pas mon neveu. Cela a toujours été ainsi. Les Haïtiens sont trop polis ou trop malins pour vous répondre non. De toute façon, les individus ont souvent deux ou trois noms. Quelqu'un peut être connu ici sous tel nom et ailleurs sous un autre nom. Sans compter les surnoms. Il arrive qu'un parent se manifeste subitement : je suis le fils de votre père, donc votre frère. On l'accueille sans grand étonnement. Je savais tout cela, je ne sais pas pourquoi, j'ai cru que j'étais devenu fou. Est-ce le stress ou la fatigue ? Ou peut-être que personne en Haïti ne savait plus qui il était. Ils étaient interchangeables. Une masse de gens qu'on appelle Haïti. Et ailleurs vit une autre masse de gens qu'on appelle l'Aide internationale. Il n'existe plus que ces deux-là. Ma mère est toutes les vieilles femmes. Ma sœur, toutes les femmes. Mon neveu, tous les jeunes gens. Tout le monde vit la même tragédie. Plus d'individualité. Le séisme l'a mise en miettes.

Ma mère au téléphone

J'ai enfin eu ma mère au téléphone. Sa voix est claire. Elle était inquiète. Maintenant, elle est heureuse de m'entendre. La veille, elle pensait que j'allais repasser et elle m'avait préparé à manger. Elle me raconte qu'elle mange bien ces jours-ci. Je n'en crois pas un mot. Elle me passe ma soeur pour me convaincre... Ma sœur dit que oui. Surtout du beurre d'arachides et des bonbons. Ma sœur et moi, on a deux positions différentes là-dessus. Elle veut que ma mère mange du solide. Du riz, des haricots en sauce, du poulet. Ma mère refuse. Elle dit qu'elle en a marre de manger à l'haïtienne et que cela fait quatre-vingts ans qu'elle le fait. Elle aime tout ce qui est sucré. Dans le salé, elle ne tolère que le spaghetti, le *spam* (trop salé), le beurre d'arachides (son préféré). Et tout ce qu'on ne trouve pas en Haïti. Elle fait une allergie à la nourriture locale. Ça me fait du bien de discuter avec elle de tous ces détails de la vie ordinaire. Je n'ose pas trop parler à ma sœur (je l'appellerai plus tard) concernant les goûts alimentaires de ma mère. On me passe mon neveu. Il me fait une description détaillée de tout ce que je n'avais pas pu voir avant de partir. Il me tient toujours informé de ce qu'on dit dans la rue. C'est le seul à pouvoir me renseigner sur Filo. Son rire de gorge me rassure tout de suite. Il trouve la mésaventure de Filo, qu'il me raconte en détail, assez drôle. Il y a, paraît-il, un passage derrière le grand rideau noir que j'ai vu dans le studio. Filo s'est faufilé là et a pu sortir, à quatre pattes, avant l'effondrement du bâtiment. Ses dieux ne l'ont pas laissé tomber. Ma mère est revenue au téléphone pour me parler de Tante Renée, de Hermite, de Mitou et de son mari, enfin de tout le monde. Et au moment où j'allais lui demander des nouvelles de Petit-Goâve, la communication a été coupée. Ma mère est dans une forme splendide. Elle ne m'a rien fait répéter. Son ouïe est très bonne.

L'immense sympathie populaire

C'est dans la rue que j'ai pu évaluer l'immense émotion qu'a provoquée le malheur d'Haïti. Je n'avais jamais vu cela auparavant. Les gens sont touchés au plus profond d'eux-mêmes. La tristesse sur leurs visages alterne avec la volonté de faire vraiment quelque chose. Et de le faire personnellement. Avec pudeur et discrétion. Haïti est entré avec un tel fracas dans leur intimité que j'ai l'impression qu'il n'en sortira plus. Ce dialogue d'un peuple à un autre est émouvant. Je ne parle pas simplement d'aide matérielle, mais de ce sentiment si pur, si noble et qui n'est jamais de circonstance.

Le centre du monde

Le XXIe siècle a commencé en Haïti le 12 janvier 2010 à 16 h 53. On ne peut pas être plus précis. C'est un événement dont les répercussions seront aussi importantes que celles de son Indépendance, le 1e janvier 1804. Au moment de l'Indépendance, le monde occidental s'est détourné de cette nouvelle république qui a dû savourer seule son triomphe. Tel était le destin de ce peuple qui venait de sortir du long tunnel noir et gluant de l'esclavage. L'Occident a toujours refusé de reconnaître cette arrivée au monde. L'Europe comme l'Amérique lui ont tourné le dos. Et fous de solitude, ces nouveaux libres se sont entre-déchirés comme des bêtes. Et depuis, l'Occident donne Haïti en exemple à tous ceux qui voudraient un jour se libérer de l'esclavage sans sa permission. Une punition qui a duré plus de deux siècles. Tu seras libre, mais seul. Rien n'est pire qu'être seul sur une île. Et voilà qu'aujourd'hui tous les regards se tournent vers Haïti. Durant les deux dernières semaines de janvier 2010, Haïti a plus été vu que pendant les deux derniers siècles. Ce n'était pas à cause d'un coup d'État, ni d'une de ces sanglantes histoires où vaudou et cannibalisme s'entremêlent – c'était un séisme. Un événement sur lequel on n'avait aucune prise. Pour une fois, notre malheur ne fut pas exotique. Ce qui nous arrive pourrait arriver partout. Nul n'est à l'abri de la colère des dieux. Cette dernière image, je le précise, ne vient pas uniquement du vaudou. Rome et Athènes ont eu leurs dieux qui se mêlaient des affaires humaines.

L'ancienne faune

Jusqu'à présent, l'intérêt pour Haïti se partageait entre les organismes humanitaires, les groupes religieux et les rares émissaires des gouvernements étrangers. Avec des hauts et des bas. En période électorale, les hôtels bien équipés de Pétion-ville (on veut le même confort qu'à New York ou Paris) sont remplis d'individus de tout acabit dont la plupart sont des observateurs. J'aime bien la fonction d'observateur. Qu'est-ce que vous faites dans la vie ? J'observe. Et qu'observez-vous ? La démocratie. Et comment faites-vous ça ? Par exemple, je suis les élections pour voir si elles se passent selon les règles.

Mais la démocratie se passe avant les élections. La période électorale n'est qu'un spectacle. On achète les consciences en affamant les gens avant de leur distribuer quelques sous au dernier moment afin qu'ils se rappellent de vous. Comment peut-on croire que la démocratie peut s'exercer dans une pareille misère ? On se moque des pauvres gens en fait. Quant à ces groupes religieux qui essaiment dans le pays depuis un demi-siècle (ils se sont multipliés de manière alarmante durant la dernière décennie), ils viennent surtout des États-Unis. C'est le créole qu'ils ont appris dans les universités américaines qui leur a permis de se répandre si rapidement dans le pays. Pendant longtemps, les catholiques se sont associés aux élites politiques, culturelles et économiques tandis que les protestants se sont infiltrés dans la population. Ce sont les protestants qui ont repris de manière vigoureuse la guerre contre le vaudou que l'église catholique avait pourtant commencée en lançant, dans les années 1940, la fameuse campagne anti-superstitieuse. Depuis quelques décennies, l'église catholique a compris que, pour survivre, il lui fallait séduire la clientèle populaire. Et depuis, on n'arrive plus à distinguer les catholiques des protestants tant ces deux loups se ressemblent dans leur approche du troupeau. S'ajoutent à cela les organismes humanitaires dont les membres agissent comme des curés de gauche. Ils se veulent un cran plus pratique, plus direct, plus larmoyant. En réalité, il n'y a aucune différence. Les vaudouisants, qu'on avait toujours considérés comme archaïques, tentent depuis un certain temps de se moderniser. Ils utilisent l'Internet, le portable, et veulent leur part de marché en faisant tinter la clochette du nationalisme. Ce n'est pas d'opium dont manque ce peuple. Quand il aura assez à manger, voudra-t-il autant fumer ?

Un grand fracas

Je ne crois pas nous pourrons nous débarrasser si facilement de nos anciennes habitudes. J'ai pourtant l'impression que beaucoup de choses vont changer en Haïti dans les trente prochaines années. La modernité va nous entrer dans le corps avec fracas. C'est une question de rythme. Le temps langoureux fera place à un temps diablement saccadé. Comment ce pays, habitué à vaquer à ses occupations sans personne pour lui dire quoi faire, va-t-il réagir ? Même le dictateur n'a pas su le dompter. L'Occident se trompe grandement s'il croit qu'il lui suffira d'agiter sous le nez de l'Haïtien quelques biens matériels pour le séduire. L'Occident devra prêter attention à cette part de spiritualité qui a permis à l'Haïtien de ne pas crever de solitude sur ce caillou entouré d'eau.

Les temps modernes

On va entendre parler d'écologie. De médecine préventive. De science (au diable la superstition). De méthode. On devra veiller à l'environnement. On ne pourra plus couper un arbre sans permission de l'État. Ah l'État, c'est le gros truc. L'État, l'État. Rien qu'à y penser j'ai mal à la tête. La reconstruction devra suivre des règles établies. On ne pourra plus bâtir n'importe où, ni de n'importe quelle manière. Chacun devra surveiller son voisin (et le dénoncer si possible) puisque notre sort est commun. Même les riches devront se mettre à la danse – ce sont les plus réticents à la modernité. Cette modernité qui exige un minimum de partage. C'est que nous allons devenir une collectivité ! Ça, c'est du nouveau. C'est que nous avions si étroitement lié notre vision de la liberté à notre individualité. L'esclave est devenu libre en quittant cette vie de servitude collective. Désormais, son espace et son temps lui appartiennent. Il entend en disposer comme il veut. Comment développer un pays avec une collection d'individus ? Tel est le problème auquel Haïti a eu à confronter durant toute son histoire. L'une des solutions qu'il a trouvées, peut-être la plus malheureuse, a été la dictature. Seul un chef autoritaire pouvait mettre de l'ordre dans cette anarchie, se disait-on, en restreignant l'espace de liberté. Cette liberté, il faudra s'en servir avec modération, en alternant judicieusement les notions de droits et de devoirs. Je veux voir ça. Surtout que l'Occident va se donner en exemple. C'est vrai que sa méthode a réussi et qu'elle aiderait grandement Haïti. L'Occident ne doit pas oublier qu'une médecine trop forte pourra tuer le malade. Il ne faut pas non plus demander à des gens qui sortent à peine d'une longue saison de dictatures de se conduire tout de suite comme des citoyens modèles. De plus, l'Occident ne doit pas jouer la carte de la pureté. Cette démocratie est toujours en devenir. Je vis en Amérique du Nord, je voyage assez en Europe pour savoir que les choses ne se passent comme c'est écrit dans le livre. Les gens n'obéissent pas spontanément aux règles. Est-ce pourquoi il y a tant de policiers, de syndicats, d'avocats, de prisons et d'hôpitaux psychiatriques ? Les ouvriers doivent faire de longues grèves afin d'améliorer leur situation. Tout n'est pas rose. C'est normal. Il ne faudrait pas trop présenter la chose sous un beau jour. Parler du travail à accomplir pour pouvoir vivre décemment ensemble. Il n'y a aucune chance d'atteindre l'harmonie totale. Elle n'est même pas souhaitée, car la vie est ce fleuve qui charrie tout, la boue comme l'eau claire. Et les clés qui n'ouvrent aucune porte.

La jeunesse occidentale

Cela fait longtemps que la jeunesse occidentale ne s'était pas intéressée à ce qui se passe dans le tiers-monde. Je ne parle pas de ceux dont les parents sont impliqués dans des questions de politique internationale, ou font partie de quelques organismes humanitaires (on n'est jamais membre d'un seul). Ni de ceux dont les parents avaient, sur les murs de leur chambre d'étudiant, des posters de Che Guevara, de Nelson Mandela (Free Mandela) ou même du grand Timonier. Je parle de cette majorité qui évolue dans un cercle restreint de jeunes qui partagent les mêmes goûts et les mêmes aspirations. De ce monde où l'on passe sa vie dans les cafés ou autour de la table de cuisine à discuter de sexe (remarquez, je n'ai rien contre), de fringues et de gadgets électroniques tout en feuilletant ces magazines qui focalisent sur la vie privée des vedettes. Qui couche avec qui ? La seule question capable de les sortir de cette constante léthargie. Et bien j'ai vu ces jeunes complètement remués par la situation en Haïti. Ce qui veut dire qu'Haïti a enfin touché le cœur du monde occidental. Sa jeunesse. On doit comprendre qu'une bonne partie de ces jeunes se passionne pour l'écologie. Alors, cette catastrophe, d'après eux, risque d'avoir quelque conséquence sur l'écosystème. Voilà des mots (écosystème, ne vous fâchez pas, j'y arrive) qui définissent aujourd'hui notre rapport au monde.

Le seul reproche possible, c'est qu'on semble dire que si on résout ce problème, tous les autres – le racisme, les inégalités sociales, le sexisme, les exclusions en tous genres – tomberont d'eux-mêmes. Rien de plus faux. On ne va pas se mettre à rêver en groupe. Et ce n'est jamais recommandé de mettre tous ses œufs dans le même panier. Il faut s'attendre à ce qu'ils jettent sur Haïti un œil planétaire. Ce séisme est leur ennemi personnel qui s'est attaqué à leur planète. Ils ne voient nullement cela en termes de race ou de classe. C'est un monde global ou des mots comme « malédiction » ne sont plus employés. Ils ignorent ce que ça veut dire. Une mauvaise diction, peut-être.

La perte des repères

C'est Malraux qui a dit, et sur cette question il est mieux renseigné que personne, qu'Haïti était un peuple de peintres. Ce sont des imaginatifs visuels. L'État a beau nommer les rues, ils établissent leurs propres repères. Une église, une maison vide, un parc, un édifice public, un stade, un cimetière – tout peut servir de repère. Chaque individu finit par s'inventer une carte personnelle de la ville. On débarque de la province avec des informations précises permettant de repérer un parent, un ami ou un édifice public. Heureusement qu'aucune maison ne ressemble à une autre. On a l'impression qu'un véritable plan urbanistique ne serait pas toléré. Que chacun doit avoir son mot à dire dans la construction de sa maison de peur qu'ils en fassent une cage à poule. Quand tout est détruit et qu'on refuse de lire le nom des rues, on est un peu désorienté. Connaissant les Haïtiens, ils vont vite créer de nouveaux repères en intégrant dans leur carte personnelle les immeubles disparus. « Tu vois où se trouvait le Caribbean Market ? Alors tu continues un peu jusqu'à passer deux immeubles effondrés à terre. » La créativité est leur seule richesse. Pour l'Haïtien, les choses ne disparaissent pas très vite. Elles traînent longtemps encore dans leur cœur et dans leur mémoire.

Une ville d'art

Si c'est vrai qu'on a tant de peintres, et on en a à ne plus savoir qu'en faire, il faudrait leur réserver une place spéciale dans la reconstruction. Une maison n'est pas un abri. Et une ville doit avoir une âme pour être habitable. Qu'est-ce qui définit Port-au-Prince sur la scène internationale ? Les *tap-taps* bariolés qui font le transport en commun ? Pourquoi ne pas penser à peindre certains quartiers ? À faire de Port-au-Prince une ville d'art où la musique pourrait jouer un rôle ? Haïti doit profiter de cette trêve pour changer son image. Il n'aura pas une pareille chance (façon de parler) une deuxième fois. Présenter un visage moins crispé. Bien sûr qu'on connaît la raison de cette crispation (misère, dictature, insécurité, cyclones), il n'empêche que cela repousse le visiteur. Malgré nos drames, nous produisons une culture joyeuse ; il faudrait la mettre de l'avant. Et dépasser un peu le cadre artisanal. La peinture haïtienne est un art majeur. Pourquoi les métropoles comme Paris (Paris l'a fait plus souvent que les autres), New York, Rome, Montréal, Berlin, Tokyo, Madrid, Dakar, Abidjan, Sao Paulo, Buenos Aires n'organisent-elles pas d'importantes expositions sur l'art haïtien dans leurs musées nationaux ? Ce serait un partenariat intéressant où chacun trouverait son compte. Et Haïti reprendrait alors sa place parmi les autres pays. Son apport serait artistique – ce qui n'est pas rien.

La nostalgie

Déjà on commence à regretter la vie d'avant. La vie d'avant le 12 janvier. Quand Port-au-Prince était encore une ville debout. Les Haïtiens, malgré tout, sont sensibles à la blancheur du Palais National et à tous les ministères qui l'entourent. Ça avait de la gueule. Il y a des étrangers qui se disent heureux que le Palais soit tombé. Cet événement a attristé surtout les gens du peuple. Ils n'ont pas chanté sa chute. C'est leur palais que les dictateurs squattent depuis l'Indépendance. C'est la maison officielle. L'emplacement exact du centre du pays. Ils ne confondent pas le bâtiment avec son occupant. Alors journalistes de gauche, faites gaffe en vous moquant de la chute de ce grand gâteau blanc. Ce bâtiment aux yeux des Haïtiens n'est pas plus ridicule que la Tour Eiffel, la Statue de la Liberté ou Big Ben. L'importance de ces édifices, c'est la charge émotionnelle qu'ils contiennent. Ce que les gens y voient. Cette émotion embrasse tout Port-au-Prince. Depuis le séisme, on fait circuler sur Internet des photos de l'ancienne ville. Seigneur, on dit déjà l'ancienne ville! Et les gens découvrent, en larmes, un Port-au-Prince qu'ils n'avaient jamais vraiment regardé. On commente, on analyse, on discute, mais on ne regarde pas. C'est lorsqu'une chose n'existe plus qu'on l'apprécie. Cela crée une émotion qu'on appelle nostalgie. Elle est si poignante qu'elle peut vous crever le cœur.

L'adresse aux dieux

Je me demande combien de temps cela prendra avant qu'un tel événement (ce séisme de magnitude 7) soit récupéré et transformé par le vaudou. Que disent les dieux de cette affaire ? Legba, où êtes-vous ? Ogoun, que dites-vous ? Erzulie, qu'en pensez-vous ? Pas un mot. Les dieux se taisent. Si vous êtes derrière cette histoire, avez-vous un plan ? Qu'avez-vous en tête ? Que voulez-vous faire ?

Prophéties et mythologies

L'imagination populaire, qui a l'habitude des choses démesurées, pourra-t-elle gonfler encore plus ce qui est déjà impensable ? On peut y compter. Il lui faudra seulement un peu de temps. Je me demande comment les autres religions vont s'accaparer l'impact du séisme sur les esprits ? Quelle manne ! Déjà la machine est en mouvement. Chacune des religions et des sectes qui encombrent le paysage spirituel haïtien fait des recherches pour préciser le moment où elle avait prédit le séisme. Les témoins de Jéhovah ont été les premiers – dès la nuit du 12 au 13 janvier – à clamer dans les rues de la ville détruite que c'était la fin du monde annoncée par Jéhovah. Pour eux, le jour de gloire était arrivé. Ils avaient raison de tourner le dos au monde. Jéhovah ne leur avait pas menti en les avertissant que la colère divine pouvait se déchaîner n'importe quand. Il avait dit qu'il viendrait comme un voleur et qu'il serait aussi rapide que la foudre. C'est exactement ce qui s'est passé. Les prêtres vaudou se sont abstenus, par prudence, de commenter l'affaire. Ils ne veulent pas être tenus responsables d'un tel désastre. Les protestants et les catholiques les ont déjà pointés du doigt. Pour ces deux derniers groupes, c'est le diable qui opère. Tandis que les témoins de Jéhovah voient-là l'intervention divine tant attendue. À mon avis, cet événement sera désigné dans le panthéon vaudou, et on saura alors quel dieu avait manifesté sa colère. Peut-être qu'un tel fracas ne fait qu'annoncer l'apparition d'un nouveau dieu dans le panthéon vaudou ? Tout cela va modeler notre sensibilité, disons celle des générations futures, et aura un impact certain sur notre façon de vivre. Ceux qui n'avaient plus foi dans le ciel viennent de voir la terre se dérober sous leurs pieds. On craignait le vent avec les cyclones, l'eau avec les inondations et voici que la terre elle-même se révèle une ennemie implacable.

Le temps de la télé

Deux temps, si l'on peut dire, s'affrontent dans un duel mortel. Le temps naturel et le temps de la télé. La vie d'un peuple se compte en siècles, parfois en millénaires. Quand une société change de cap, on ne sent pas le moindre tressaillement avant une trentaine d'années. Macération très lente. Le temps collectif ressemble à cette vache qui broute sur le côté de la route. Si on veut voir dans chaque train une nouvelle génération avec sa sensibilité particulière, ses émotions propres et son combat personnel, on peut comprendre que la vache soit si peu impressionnée. Elle a entendu siffler tant de trains qu'elle ne lève plus les yeux à leur passage. La vache va ruminer ce séisme et cela prendra le temps qu'il faudra – comme elle achève de ruminer ces jours-ci l'ère des Duvalier. Ce temps est si immobile que la mort individuelle s'agite comme un ver de terre dans sa gueule. D'un autre côté, il y a le temps toujours en accéléré de la télé. À la télé, on peut voir fleurir une rose en moins de dix secondes. Dans les moments de grande crise, comme aujourd'hui, les gens restent vissés devant la télé. Assez longtemps pour que ce temps artificiel finisse par s'infiltrer dans leurs veines. Quand on regarde trop longtemps la télé, on finit par croire qu'on peut agir sur l'événement qui se déroule sous nos yeux. Tout nous paraît trop lent. On exige des changements instantanés.

À chaque fois qu'on revient des toilettes, on veut voir du nouveau. Il faut que ça progresse. Pourquoi ce camion ne va-t-il pas plus vite ? On critique des gens qui agissent quand nous n'avons pas bougé de notre fauteuil depuis deux jours. À un moment donné, on estime qu'il faut passer à autre chose. Pour cela il faut dresser un bilan. Alors, on déclare que les affaires roulent si bien qu'elles ne nécessitent plus notre assistance. Ça va maintenant, Haïti ? Tu peux continuer seul ? Et on ne tolère aucune réponse négative.

L'art nouveau

Quelle forme d'art va se manifester la première ? La poésie si impulsive ? La peinture avide de nouveaux paysages ? Où verra-t-on les premières images du séisme ? Sur les murs de la ville ou sur les carrosseries des *tap-taps* ? La nouvelle, moins rapide que le poème, mais plus vive que le roman, reviendra-t-elle à la mode ? Le roman exige un minimum de confort que Port-au-Prince ne peut offrir – c'est un art qui a fleuri dans les pays industriels. Les écrivains sont-ils déjà au travail ? Est-ce la course pour savoir qui écrira le grand roman de la déconstruction ? Frankétienne ou une jeune romancière inconnue ? Dalembert ou un écrivain allemand qui n'avait jamais entendu parler d'Haïti avant le séisme ? Ne pas oublier que le grand roman de la dictature haïtienne a été écrit par Graham Green, un romancier anglais. D'autant que le séisme a fait le tour de la planète. Donc, il appartient à tout le monde. Que penserions-nous si ce grand roman tragique était écrit par un jeune bourgeois génial et maniéré ? Prendrions-nous ce livre pour ce qu'il est (un chef d'œuvre) ou verrions-nous cela comme la dernière gifle d'un dieu moqueur ? Et dans quel style serait-il écrit ? Ironique ou tragique ? Serait-ce possible qu'il soit comique alors qu'il y a tant de morts ? Drôle à pleurer ? Qui va censurer les œuvres qui ne répondraient pas au standard du tolérable ? L'église, l'État ou la société ? Les artistes qui n'étaient pas présents lors du séisme ont-ils la légitimité requise pour transformer cela en œuvre d'art ? Le nouvel Haïtien est-il celui qui était présent au moment du drame ? La course est ouverte. Mais on aura perdu quelque chose entre-temps : notre part intime. Chacun est scruté attentivement. Pour simplement prendre la parole, il faudra montrer patte blanche. Dire combien de morts vous avez eu dans votre famille. Comme si c'était une guerre, non un séisme.

La culpabilité

J'entends déjà ce discours culpabilisant pointé contre la diaspora. Pourquoi n'étiez-vous pas là quand on a eu besoin de vous ? Quand ? Le 12 janvier 2010, à 16 h 53. C'était donc pour mourir avec vous. Une société qui préfère la présence de ses citoyens dans la mort et non dans la vie n'a pas grand avenir. Heureusement que tout ça ne concerne qu'une minorité de gens. La grande majorité reste prise dans les rets de la vie quotidienne et ne cesse d'affronter des problèmes sans solution. Et le premier, c'est la faim. Il y a des gens dont tout l'art est de faire sentir à l'autre qu'il est coupable, souvent d'une faute que ce dernier n'a pas commise. C'est dans un pareil moment qu'ils peuvent déployer leur sinistre talent. Ce qui permet à la démagogie de fleurir sur le fumier de la misère humaine. Le malheur n'appartient à personne. Quand on voit quelqu'un en train de se noyer, on n'a pas à attendre que son frère vienne le tirer de là. On peut plonger. En d'autres termes, les gens qui aident vraiment ne perdent pas leur temps à dénoncer ceux qui ne le font pas. Trop occupés. Ce sont les plus fainéants qui font la police et la morale.

Le lien social

Il y a des centaines, peut-être des milliers d'adolescents qui sont orphelins depuis le séisme. Certains ont perdu toute leur famille. Si on les laisse partir à la dérive, on va se retrouver, dans moins de dix ans, avec un grave problème de criminalité dans le pays. Les gens hésitent à tuer quand ils sont en relation avec les autres. Dans le cas contraire, ils développent une terrifiante insensibilité. On hésite à voler la mère de quelqu'un qu'on a croisé sur les bancs de l'école. Ou à tuer pour de l'argent un ancien coéquipier. Ce sont des liens qui se développent dans l'enfance. On fait partie intégrante de la société. On lui doit des comptes. L'exclusion est un trop grand risque dans une société si instable. Il faut inclure tout le monde pour que ce soit vivable.

La notion d'utilité

On ne sait plus, depuis le 12 janvier 2010, où se situent les frontières d'Haïti. Haïti est là où on se sent haïtien. Il ne suffit plus alors d'être en Haïti pour lui être utile. C'est ce qu'on a constaté avec cet élan de générosité mondiale que le sort d'Haïti a suscité. Les choses ne se déterminent plus uniquement par le lieu. D'ailleurs, on peut se trouver en Haïti et se révéler être un frein à son épanouissement. François Duvalier n'a presque jamais quitté Haïti. Les kidnappeurs non plus. Ni aucun de ceux que, dernièrement encore, on appelait les « gros mangeurs ». Le 12 janvier 2010 ne peut pas faire oublier tout ce qui existait avant. Je comprends qu'on veuille le voir de ses yeux et toucher son corps de ses mains, mais si trop de gens entourent le malade, on risque de l'étouffer. Sauf bien sûr si votre profession vous permet d'être utile sur place. Par ailleurs, on connaît cette comédie où il y en a un qui travaille pendant que les autres sourient à la caméra. Nous savons bien que dans toute cette invasion d'Haïti (tout le monde veut être au chevet du célèbre malade), beaucoup d'organismes et de gens ne pensent qu'à leur publicité personnelle. Nous savons aussi qu'un grand nombre d'organismes et d'individus sont totalement sincères. Faut-il séparer le bon grain de l'ivraie ? Pas besoin de perdre son temps à cela. Dès que les caméras se retireront, on ne les verra plus. Et puis certains changeront d'attitude en cours de route. Les humains sont capables de se réinventer. Ne nous bousculons pas, si on veut aider on trouvera toujours moyen de le faire. Je connais quelqu'un qui a quitté Montréal pour rentrer à Port-au-Prince tout de suite après le séisme. Guidé uniquement par l'émotion. Aujourd'hui, il grossit les rangs de ceux qui dépendent de l'aide internationale. Haïti a besoin d'énergie nouvelle et non de larmes.

Le héros et l'organisateur

On ne devrait pas laisser les choses (je parle de ce décor apocalyptique) trop longtemps dans l'état où elles sont aujourd'hui. Les gens risquent de les intégrer dans leur intimité. Certains irons habiter dans la partie saine des maisons dévastées dès qu'ils seront sûrs qu'il n'y aura plus de secousses. On verra des plantes apparaître ça et là, et la vie reprendra là où elle s'était arrêtée. La force qui a aidé cette population à surmonter les plus grands malheurs la poussera à tout accepter aussi. On a remarqué que ceux qui se révèlent exceptionnels dans les moments difficiles sont parfois gauches dans la vie quotidienne. Un grand guerrier n'est pas forcément un bon organisateur. On doit céder la place à ceux qui sont capables de prendre en main l'organisation de la vie courante. Ceux qui ont un sens du temps ordinaire. Ces gens dont la lampe studieuse reste allumée toute la nuit. Si les héros du jour s'épuisent vite car l'acte héroïque consomme beaucoup d'énergie, les organisateurs de la nuit sont pourtant des êtres froids qui, de ce fait, restent plus longtemps en activité. Ces deux manières d'être ne sont pas en contradiction, sauf qu'il ne faut pas se tromper de fonction.

Le nouveau récit

Je connais un homme, à New York, qui aurait tant aimé être en Haïti au moment du séisme qu'il a raconté à tout le monde qu'il y était. Pour finalement avouer qu'il se trouvait en Floride. Étrangement, il a eu honte de ne pas être sur place au moment où la mort planait sur son pays. Jusqu'à s'imaginer sous les décombres. Il faut lui dire que ceux qui sont morts ne désiraient que vivre. Ils ne veulent pas de sa présence parmi eux. Ils préfèrent le savoir dans le monde des vivants. Ce n'est pas en mourant qu'on devient haïtien. Un autre, rencontré à Tallahassee, aurait espéré être à Port-au-Prince pour des raisons disons… historiques. Pour lui, il s'est passé quelque chose à cet instant-là. Le souffle de l'histoire. Et il n'était pas présent. Un moment aussi fort, dans sa mythologie personnelle, que le 1er janvier 1804. Un moment fondateur qui devrait produire un nouveau discours haïtien. De cela, on va en parler sous toutes les coutures pendant les décennies à venir. Et les politiciens, les intellectuels, les démagogues ne rateront aucune occasion pour glisser un « j'étais là ». Alors qu'être là ne fait de personne un meilleur citoyen. Un type qui a toujours vécu à l'étranger et qui se trouvait à Port-au-Prince par hasard ne sera plus affublé de l'horrible qualificatif de « diaspora », il est à l'instant anobli. Il est un « j'étais là ». Tandis que quelqu'un qui a toujours vécu en Haïti et qui était absent du pays ce jour-là perd un peu de son lustre national. Et pourrait même se faire distancer par un étranger de passage qui aurait échappé à la mort de justesse. Finalement, la mort semble avoir autant de poids que la naissance pour légitimer une certaine identité.

Les trois catégories

On n'a pas idée de ce qui nous attend dans les prochaines années. Les gens, comme les maisons, se situent dans ces trois catégories : ceux qui sont morts, ceux qui sont gravement blessés, et ceux qui sont profondément fissurés à l'intérieur et qui ne le savent pas encore. Ces derniers sont les plus inquiétants. Le corps va continuer un moment avant de tomber un beau jour. Brutalement. Sans un cri. Car ils auront refoulé à l'intérieur d'eux tous les cris. Ils vont imploser. En attendant, ils donnent l'image d'une personne en parfaite santé. Une sorte de bonhomie alliée à une grande énergie. Un bonheur d'être. Ils ont pu mettre une distance entre eux-mêmes et ces images qui les habitent. Ils en parlent parfois avec une lueur joyeuse dans les yeux. Comment font-ils ? Justement, ils ne font rien. On ne peut pas échapper à ça. Ça, c'est trop fort. On ne peut pas avoir vécu ça et continuer son chemin comme si rien n'était. Ça vous rattrape un jour. Pourquoi l'appelez-vous « ça » ? Parce que ça n'a pas de nom.

Traumatisme

Ici, c'est le triomphe du corps. Et de la douleur physique qu'on traite comme on peut – souvent en l'ignorant. Les problèmes de santé mentale sont en bas de la liste des maladies courantes. C'est consolant de savoir que dans les pays pauvres, on n'exclut pas les fous. Ils occupent leur fonction de fou avec le droit de faire le fou. Par contre, dans les pays riches où ils reçoivent des soins particuliers, le fou est mis à part. Il n'a aucune fonction sociale. C'est la honte. On le cache. Il disparaît de la circulation, souvent du jour au lendemain. Pour ne réapparaître que si on le juge apte à suivre une certaine normalité. J'ai pourtant vu quatre personnes déambuler dans la gare de Bruxelles tout en conversant à haute voix avec un interlocuteur invisible. C'est un signe que l'État n'a plus les moyens de garder tous ses fous dans un centre psychiatrique. En Haïti, on les relâche dans la nature sans ménagement. On se moque brutalement de vos angoisses. Il arrive toutefois que ce traitement de choc soit bénéfique pour certains d'entre eux. Ceux qui ne tiennent pas la route sont tassés sur le bord du chemin. Et la foule continue d'avancer. Le mot « traumatisme » revient ces jours-ci dans la bouche des spécialistes internationaux en pensant à ceux qui ont vécu le tremblement de terre. Bien sûr qu'une pareille situation nécessiterait des soins attentifs, mais les gens accepteront-ils de recevoir ces soins ? Sachant que l'humour occupe une place importante dans la culture haïtienne et qu'il a pour fonction première de dédramatiser une situation trop intense, on se demande si on ne devrait pas l'utiliser comme mode de guérison. Le rire gras peut se révéler un excellent antidote contre la peur de la mort.

La mort est obscène

Si le mot « obscène » veut dire littéralement « derrière la scène », la mort est donc le seul sujet véritablement obscène. Il faut donc en parler sur un ton très grossier, en employant des mots vulgaires. Comme on fait dans les veillées. La danse sensuelle d'un Baron Samedi ouvre le bal. Les scènes hautement carnavalesques des *guédés,* qui boivent de l'alcool et du vinaigre à tire-larigot tout en mangeant des tessons de bouteille, ajoutent à l'ambiance. Le sexe est l'énergie qui se rapproche le plus de la mort. Au Moyen-âge, on appelait l'orgasme la petite mort. Ce n'est pas une affaire de salon ni de gens poudrés. Les poètes n'en parlent pas bien, sauf Villon qui demande pitié pour ces pendus qui se tordent de douleurs et qu'on laisse le long des routes à la merci du vent et de la pluie. Les hommes ne sont pas arrivés à domestiquer la mort. Elle reste tribale, triviale.

Dix secondes

J'étais à un colloque à Tallahassee quand une jeune femme (elle prépare une thèse de doctorat sur Frankétienne) est venue s'asseoir près de moi, sur un divan jaune. Menue et raffinée, elle a pris mille précautions pour aborder le sujet. Elle voulait savoir s'il y a eu un moment où j'ai perdu la tête, sachant la mort possible. Ce n'est pas une question qu'on prend à la légère. J'ai mis du temps à y répondre Je crois que ce qui m'a aidé, c'est qu'on formait un groupe. On était trois (Rodney Saint-Eloi, Thomas Spear et moi). On se soutenait. Je ne sais pas comment je me serais comporté si le séisme m'avait surpris dans ma chambre. Si la question avait été : Avez-vous eu peur ? J'aurais répondu oui. Mais pas au début. La première violente secousse m'a pris complètement au dépourvu. Pas eu le temps de penser. J'ai eu peur à la seconde secousse, presque aussi forte que la première. Elle est arrivée juste au moment où je retrouvais mon esprit, ma dignité. Juste à l'instant où je pensais m'être tiré d'affaire. Je me suis dit que ce n'était pas un jeu. Que les acteurs n'allaient pas se relever pour les applaudissements. Qu'il n'y avait pas de public. Pendant dix secondes, j'ai attendu la mort. Me demandant quelle forme elle prendrait. La terre allait-elle s'ouvrir pour nous engloutir tous ? Les arbres nous tomber dessus ? Le feu nous brûler ? J'avais en tête des films-catastrophes. Je sentais que la Bête allait revenir avec plus de furie. À ce moment-là, je savais que mon vernis de civilisation allait craquer. De toute façon, je ne faisais pas le poids. Si ce séisme pouvait à ce point secouer une ville, ce n'est pas moi qui allais lui résister. On s'accroche alors à nos croyances les plus archaïques. On pense aux dieux de la terre. J'ai attendu un long moment. Rien. Je me suis relevé tout doucement, sans faire le fiérot. Je savais à ce moment-là que le pire était passé. Mais pendant dix secondes, ces terribles dix secondes, j'ai perdu tout ce que j'avais si péniblement appris tout au long de ma vie. Le vernis de civilisation qu'on m'a inculqué est parti en poussière. Comme cette ville où j'étais. Tout cela a duré dix secondes. Est-ce le poids réel de la civilisation ? Pendant ces dix secondes, j'étais un arbre, une pierre, un nuage ou le séisme lui-même. Ce qui est sûr, c'est que je n'étais plus le produit d'une culture. J'étais dans le cosmos. Les plus précieuses secondes de ma vie.

La couleur des jours

J'étais bouleversé par sa question qui m'a fait revivre cet étrange moment où j'ai perdu la notion du temps. D'ailleurs, elle m'a échappé pendant plus d'un mois. Je n'ai pas vu la différence entre lundi et jeudi, mardi et samedi. Les jours revêtaient la même robe grise. Je n'étais pas triste. Plutôt exalté tout en étant si fatigué. Je ne voyais pas la raison de cette minutieuse organisation du temps. Précision maniaque. Le temps est un paranoïaque qui veut tout organiser. Tous ces jours, tous ces mois et toutes ces années. Et puis il y a les secondes, les minutes et les heures. À qui, à quoi cela peut-il bien profiter de mettre ainsi notre vie sous contrôle? Au travail sûrement. L'église parle plutôt d'éternité. Autrefois, j'avais peur de ce trou noir d'éternité. Il m'aspirait. Je n'étais qu'un grain de poussière dans l'espace. Ma vanité en prenait un coup. Aujourd'hui, j'ai beaucoup plus peur de ce temps coupé en fines tranches. C'est cela l'enfer. Plus besoin de savoir où je suis quand je sais exactement où j'en suis avec mon temps. Mon petit lot de jours. Je ne plus veux en entendre parler. Je refuse leur lundi ou leur mercredi. Je me rappelle Breton disant à peu près ceci: « je ne veux ni de leur guerre, ni de leur paix ». Hors jeu. Je vais me faire d'autres repères. Je ne vous dirai pas lesquels.

Un mouvement continu

Mon inquiétude durant la deuxième nuit – quand j'ai compris que je n'étais plus en danger – concernait les séquelles. Pendant combien de temps mon corps allait ainsi rester en alerte ? La première nuit, couché à même le sol, je ressentais toutes les vibrations. Je faisais corps avec la terre. Cette terre si vivante qu'elle bougeait sous nos pieds, nous faisant danser contre notre gré. Je paniquais à l'idée d'avoir absorbé une dose d'anxiété si forte qu'elle aurait pu s'incruster dans ma chair. J'avais vu juste, car plus d'un mois après le séisme, je ressens toujours aussi vivement les soubresauts que durant le tremblement de terre. Cette information s'est-elle logée dans mon esprit ou dans mon corps ? J'aimerais savoir qui déclenche la panique chez moi. Ma tête ou mon corps ? Et que dire de ceux pour qui le cauchemar continue toujours ? Ceux qui sont restés piégés sur l'île ? Il faudrait multiplier par cent cette situation que j'ai décrite pour avoir une idée de ce qu'ils endurent. L'autre soir, je soupais chez des amis à Montréal quand j'ai senti les mêmes vibrations qu'à Port-au-Prince. Légères d'abord, puis de plus en plus intenses, pour découvrir que c'était mon voisin qui frappait son genou contre le pied de la table – un tic nerveux. Il m'est arrivé d'être dans un bureau à Paris et d'avoir la nette sensation que tout allait s'effondrer en quelques secondes. Et plus l'immeuble semble solide, moins j'ai confiance. Là, en ce moment même, tandis que j'écris ces lignes, la chaise vient de bouger. Et ma raison s'est enfuie.

Une nouvelle vie

Chacun a le droit de savoir dans quelle type de ville il vivra. Et mieux, il devrait pouvoir intervenir dans l'élaboration du plan de la nouvelle ville. Cela dit, il peut aussi admettre qu'il n'a pas tous les talents. Et comprendre surtout qu'il ne sera pas seul sur le terrain : neuf millions d'individus ont les mêmes droits que lui. C'est un chantier qui risque d'absorber l'énergie de plusieurs générations d'hommes et de femmes de toutes les conditions sociales. On ne doit pas perdre de vue que les vrais habitants de la nouvelle ville ne sont pas encore nés. Peut-être même que leurs parents ne sont pas encore nés. Je parle de ceux qui ne connaîtront l'ancienne ville que sur des photos de l'époque Windows – les choses auront considérablement changées dans trente ou quarante ans. Car construire une ville est une opération beaucoup plus ambitieuse que celle de construire un pont ou un gratte-ciel. Sur le plan simplement technique, cela exige un savoir-faire qui requiert la présence de plusieurs corps de métier. Le matériau le plus important, c'est encore l'esprit. Un esprit qu'on voudrait tourné vers le monde, et non replié sur lui-même. Quitter cette mentalité d'insulaire qui nous garde au chaud dans une stérile autosatisfaction. Une nouvelle ville qui nous forcerait à entrer dans une nouvelle vie. C'est cela qui prendra du temps.

L'Occident lui-même est tout imprégné de ce sentiment volcanique qu'il apporte ces jours-ci à Haïti, au risque parfois de l'étouffer. De New York à Paris, de Montréal à Reykjavik, de Bruxelles à Londres, de Madrid à Washington, on s'active à aider ce pays en mélangeant compassion et mauvaise conscience, ce qui donne un dangereux cocktail judéo-chrétien. Mais ce qui fait peur, malgré une pareille bonne foi, c'est que ces puissantes métropoles ignoraient Haïti jusqu'au 11 janvier dernier. Oh, elles étaient au courant de ses déboires, mais c'était le cadet de leurs soucis. Alors qu'est-ce qui a changé pour qu'Haïti devienne le centre de leurs plus intimes préoccupations ? Pourquoi ce vif sentiment ? Ce nombre imposant de morts nous a permis de monter sur le podium. Des experts ont tout de suite fait le calcul. Le tsunami a fait plus de morts, mais il touchait beaucoup de pays avec des populations importantes. Alors que Port-au-Prince, une ville de trois millions d'habitants se retrouve avec plus de deux cent mille morts. C'est un record. Et cela, notre culture de hit-parades, de podiums, de prix, de *awards*, de compétitions le comprend très bien. Une tuerie entre Haïtiens serait plus difficile à interpréter. On chercherait des coupables, on exigerait des procès. On devrait expliquer aux contribuables pourquoi on va engager leur argent dans des histoires si éloignées de leur culture. Comment peut-on tuer son voisin, un beau matin, à coups de machette? Et continuer jusqu'à en tuer huit cent mille. C'est si impossible à comprendre que notre cerveau s'éteint, il n'émet plus aucun signal devant l'ampleur et l'horreur de la chose. Un pays de cent mille Hannibal Lecter. C'est un autre univers. Une espèce qu'on ignore. Ils ne sont pas du même règne que nous. Nous avons des métabolismes différents. Notre intelligence humaine n'arrive pas à cerner de pareils monstres. Alors que dans le cas d'Haïti, même s'il y a quelques différences majeures entre nous, on arrive à comprendre la situation. C'est un séisme. Ce n'est pas leur faute, ni la nôtre. C'est d'une simplicité divine.

Un savoir ancien

Ces gens qui portent leur douleur avec une telle grâce possèdent un savoir de la vie qu'il serait dommage d'ignorer. À les voir si sereins, on se doute bien qu'ils savent des choses à propos de la douleur, de la faim et de la mort. Et qu'une joie violente les habite. Joie et peine qu'ils transforment en chant et en danse. Que fait-on d'un pareil savoir ? C'est ce savoir qu'on voit poindre parfois dans les tableaux colorés des peintres primitifs ou dans cette musique entraînante qui s'étourdit elle-même tellement la joie déborde. On est tout étonné d'apprendre (en écoutant la traduction) que les paroles de cette chanson qui nous a mis des fourmis dans les jambes sont d'une tristesse à mourir. Tout le secret d'Haïti est là. Et non dans le vaudou bon marché qu'on sert aux touristes en mal de sensations fortes.

Cérémonie secrète

Maintenant que les étrangers ont repris le chemin d'Haïti, ils vont sûrement tomber à nouveau sous la fascination du vaudou. Volontaires (tous ces ex-religieux recyclés dans l'humanitaire) et intellectuels vont cuire à feu doux dans la même marmite coloniale. Au lieu de perdre ce temps précieux à courir les cérémonies bidon, vous feriez mieux d'essayer de comprendre ce peuple en étudiant sérieusement sa vision du monde. Le premier qui dit « j'ai assisté à une cérémonie secrète » est un homme mort… de ridicule. Si c'était vraiment une cérémonie secrète, on ne vous accepterait pas. Pourquoi pensez-vous qu'on tolèrerait votre présence à une cérémonie secrète ? Pour l'argent ? À cette question, vous répondez toujours, « mais non, je n'ai pas payé ». Ce qui vous fait conclure que c'était une vraie cérémonie. De toute façon, soit vous avez déjà payé sans même le savoir (la cérémonie organisée en votre honneur était une récompense pour tout ce que vous avez fait), soit vous paierez plus tard. On n'est pas dans un supermarché où l'on doit passer tout de suite à la caisse. Des règles que vous ignorez. Je reprends : si vous êtes présent, c'est que cette cérémonie n'est plus secrète. Comme on dit : si quelqu'un d'autre le sait, ce n'est plus un secret.

Il faut une grande concentration pour manipuler des fils aussi sensibles (la religion, la langue, l'histoire), au risque de perturber le centre nerveux de la culture haïtienne. Je connais l'énergie qu'apporte l'argent. C'est une force agressive qui n'hésite pas à balayer tout sur son passage. Celui qui vous aide s'accorde parfois le pouvoir de vous juger. C'est la moindre des choses que de l'écouter. L'argument est simple : votre savoir-faire a échoué. Et vous n'avez rien à dire parce que c'est vrai. C'est lui qui aide et non le contraire. Et il vous met sa culture sous le nez. Tout cela dit sur un petit ton de fausse humilité, qui est la pire des vanités. Et l'orgueil, c'est de croire que l'autre n'a pas compris la situation. Et qu'il a avalé votre jeu. On devrait donner un petit cours de culture populaire à ceux qui viennent aider : si on vous écoute si attentivement, ce n'est pas parce que vous êtes intéressant, mais parce qu'on attend que vous terminiez depuis un moment pour passer aux choses sérieuses, c'est-à-dire à l'aide. C'est juste pour leur bien, car j'en connais qui dépriment quand l'autre ne s'agenouille pas pour remercier. Surtout ces gens du tiers-monde qui ont développé une mentalité d'assistés. Ils connaissent la musique. Ils sont capables de saper le moral de ces innocents qui viennent les secourir en laissant derrière eux leur famille, et qui ne demandent qu'un peu de reconnaissance. Ces gens du tiers-monde, avec le temps, ont compris que la reconnaissance est leur seule monnaie. Ils ne la donnent pas facilement. Il faut tramer dur pour mériter leur reconnaissance. Et c'est une monnaie qui ne se dévalue pas. La morale n'a aucune place dans ces transactions où on fait payer cher le néophyte. C'est un jeu de durs. Pour les cours de négociations qu'on devrait suivre avant d'aller en Haïti, je recommande, comme coach, ces religieuses (toujours souriantes) qui travaillent dans la campagne haïtienne depuis des décennies. Elles rouleraient facilement dans la farine un marxiste blanchi sous le harnais. Ou même un vieux mafioso à la retraite. Elles ont accumulé un savoir-faire qu'on devrait mettre à profit.

L'espace intime

Ils ont acquis le droit de savoir où vous êtes et ce que vous faites afin de juger de votre emploi du temps. « Ta vie ne doit avoir de sens qu'en fonction de l'événement qui nous a terrassés tous. » Nous voilà dans une fourmilière. Vie collective. Nous sommes reliés les uns aux autres. On ne se quitte plus. En vous voyant, les gens s'étonnent que vous ne soyez pas en Haïti. Quelqu'un m'a dit dernièrement : « J'ai rêvé de vous, mais dans mon rêve vous étiez à Port-au-Prince. » Je comprends, mais moi je vis dans la réalité, pas dans votre rêve. Je dirais même : dans ma réalité. Ma vie ne peut être définie que par moi. Comme la vôtre l'est par vous. Je m'étonne toujours quand quelqu'un entre ainsi par effraction dans la vie d'un autre sous prétexte que nous sommes de la même famille, de la même région ou, pire, de la même couleur. Alors que je fais tellement attention à l'intimité des gens. Dans ma propre maison, je ne pénètre jamais dans une pièce sans frapper auparavant. Un ami m'a expliqué la chose : d'après lui, ces gens vivent un drame personnel. Ils sentent que c'est parce que leur vie ne présente aucun intérêt, même pour eux-mêmes, qu'ils se croient obligés de s'intéresser à celle d'un autre. Cela les rend furieux. Méfie-toi, ils sont capables de tuer dans ces moments-là. Pas parce qu'ils te détestent à ce point. Leur fureur est d'abord dirigée contre eux-mêmes. Ils sont déçus d'eux-mêmes au point de passer la majeure partie de leur journée dans l'obsession d'un autre. C'est le principe (en négatif) d'une vraie passion amoureuse. On connaît depuis Médée cette fureur qui pousse à commettre la pire horreur. Quel malentendu ! C'est leur vie qui m'intéresse, pas la mienne. La mienne, je me contente de la vivre. C'est l'autre, ma passion. En fait, on est sur la même longueur d'ondes. Il s'intéresse à moi, et moi à lui. Je parle de l'autre, sur un plan philosophique. Je ne vise personne en particulier. Je dis simplement qu'au-delà de cette ligne rouge, on entre dans l'espace intime des gens. Et tout le monde a droit au respect de cet espace. Il y a des lois, je crois, pour défendre l'espace intime, mais on y fait de moins en moins attention. On a perdu ces derniers temps beaucoup de terrain de ce côté. Et c'est encore pire chaque fois que des gens prennent le prétexte d'une catastrophe naturelle pour piétiner votre intimité.

La vie collective

Je me demande ce qui se passe sous les tentes que l'on voit un peu partout. Comment parvient-on à préserver l'intimité? Ceux qui ronflent trop fort dorment-ils le jour pour ne pas réveiller tout le monde la nuit? On vit un double malheur: un malheur individuel (on a perdu des amis ou des parents) et un malheur collectif (on a perdu une ville). Comment parvient-on à pleurer ses morts quand il devient si difficile de se trouver un moment de solitude? On imagine aisément que ces nuits étoilées doivent bien permettre des idylles. Où fait-on l'amour? Dans les fourrés en criant son plaisir sans peur d'être entendu. Ou parmi la foule, avec une extrême discrétion. Car nous savons que ni la peur, ni la peine, ni l'indigence n'empêcheront le désir de fleurir. Il suffit d'un rien: une nuque, un regard appuyé et tout change. C'est la seule chose qui peut nous empêcher de quitter une situation pourtant si inconfortable. La nourriture, comment la partage-t-on avec les nouveaux voisins? La hiérarchie dans les familles continue-elle sous les tentes? Vivre en groupe exige une constante observation si on ne veut pas bousculer les autres. Les plus pauvres ont une longueur d'avance, ils sont habitués à se frôler constamment et n'ont pas peur de se toucher. Tandis que d'autres éprouvent une réelle répulsion à se frotter à des individus qu'ils jugent d'une classe inférieure.

Il arrive qu'une nouvelle situation, si elle dure un certain temps, provoque d'importants changements dans la vie des gens. Du moins dans leur comportement. Ce brassage finira par créer une nouvelle dynamique.

La lecture sous la tente

Pour les adultes, c'est le désir. Pour les enfants, c'est la lecture. Un enfant plongé dans *Les trois mousquetaires* n'est plus sous une tente. Il vit dans le roman de Dumas. Une vie mouvementée. On y va au grand galop. Quand on est fatigué, on fait descendre l'hôtelier qui dormait à côté de sa bourgeoise en bonnet, et on mange copieusement tout en commandant une botte de foin pour le cheval qui passera la nuit dans l'écurie. Ce n'est jamais de tout repos, car les routes sont peu sûres. Soudain, on est entouré par un groupe de cavaliers masqués. Et au moment où D'Artagnan va sortir son épée, on entend une voix trop aiguë, trop connue pour être celle de Milady. C'est la mère du petit lecteur qui l'appelle pour souper. Elle sourit, car elle a passé tout l'après-midi à causer avec ses amis. Son fils à lire. Que désire de plus une mère qui vit sous une tente ?

L'ÉTAT DES CHOSES

La dictature a pu parfois nous rendre insensibles à l'injustice, à force de voir dès l'enfance des scènes d'horreur. Un peu comme en Europe où l'aristocratie était parvenue à faire croire à la plèbe qu'il existait des privilèges liés à la naissance. Une chose à laquelle on s'habitue finit par nous paraître évidente. Cela dure jusqu'à ce qu'une révolution chambarde tout. Est-ce la situation aujourd'hui? La révolution pour laquelle tant de gens sont morts a-t-elle finalement été faite par la nature? La terre s'est-elle fâchée de toute cette injustice qui se passe à sa surface? Rien de cela puisque les pauvres ont trinqué aussi. La terre a tremblé pour (presque) tout le monde. N'ajoutons surtout pas de nouvelles mythologies à un événement qui va en susciter d'innombrables. Chaque individu se reposera longtemps sur sa vision des choses. Un point de vue qui pourrait être, selon l'analyste, mystique, marxiste, géologique, fantaisiste, logique, paranoïaque, spirituelle ou politique. Notre imagination et cette grande richesse langagière que recèle le créole nous y aideront à coup sûr. Malgré nous, quelque chose a changé. Et le discours politique aura du mal à simplement rejouer la même musique. Un signe marquera des gens plus que d'autres: c'est l'effondrement du Palais National. Et la montée des villes de province en attendant la reprise effective de Port-au-Prince. L'impression que le sort d'Haïti, pendant un temps, ne se jouera plus dans ce vaste périmètre au centre de la ville, où se sont de tout temps regroupés le Palais National et les différents ministères. Pour le moment, on ne sait d'où viendra la prochaine impulsion qui permettra à ce pays de redémarrer.

La tendresse du monde

Partout où je vais, les gens m'adressent la parole en baissant la voix. Conversation entrecoupée de silences. Les yeux baissés, on m'effleure la main. Bien sûr qu'à travers moi, on s'adresse à cette île blessée, mais de moins en moins isolée. On me demande de ses nouvelles. Ils comprennent vite qu'ils sont plus au courant de ce qui se passe que moi. Je me suis éloigné de cette rumeur intoxicante afin de préserver ces images qui brûlent encore en moi. Cette petite fille qui, la nuit du séisme, s'inquiétait à savoir s'il y avait classe demain. Ou cette marchande de mangues que j'ai vue, le 13 janvier au matin, assise par terre, le dos contre un mur, avec un lot de mangues à vendre. Quand les gens me parlent, je vois dans leurs yeux qu'ils s'adressent aux morts, alors que je m'accroche à la moindre mouche vivante. Mais ce qui me touche vraiment, c'est qu'ils semblent émus par leur propre émotion, et qu'ils espèrent la garder le plus longtemps en eux. On dit qu'un malheur chasse l'autre. Et les journalistes ont beau se précipiter ailleurs, Haïti continuera d'occuper longtemps encore le cœur du monde.

L'ouvrage *Tout bouge autour de moi*
de Dany Laferrière
est composé en Adobe Garamond Pro corps 12/14.

Il est imprimé sur du papier Enviro 100,
contenant 100%
de fibres recyclées postconsommation
en mars 2010
au Québec (Canada)
par Marquis Imprimeur
pour le compte des éditions Mémoire d'encrier.